MÉMORIAL
DES
SCIENCES PHYSIQUES

PUBLIÉ SOUS LE PATRONAGE DE

L'ACADÉMIE DES SCIENCES DE PARIS

DES ACADÉMIES DE BELGRADE, BRUXELLES, BUCAREST, COÏMBRE, CRACOVIE, KIEW, MADRID, PRAGUE, ROME, STOCKHOLM (FONDATION MITTAG-LEFFLER), AVEC LA COLLABORATION DE NOMBREUX SAVANTS.

DIRECTEURS :

Henri VILLAT et Jean VILLEY

FASCICULE XIII

Les réseaux électromagnétiques et leurs applications

PAR M. R. MESNY

PARIS
GAUTHIER-VILLARS ET Cie, ÉDITEURS
LIBRAIRES DU BUREAU DES LONGITUDES, DE L'ÉCOLE POLYTECHNIQUE
Quai des Grands-Augustins, 55

1930

MÉMORIAL

DES

SCIENCES PHYSIQUES

AVERTISSEMENT

La Bibliographie est placée à la fin du fascicule, immédiatement avant la Table des Matières.

Les numéros en caractères gras, figurant entre crochets dans le courant du texte, renvoient à cette Bibliographie.

MÉMORIAL
DES
SCIENCES PHYSIQUES

PUBLIÉ SOUS LE PATRONAGE DE

L'ACADÉMIE DES SCIENCES DE PARIS

DES ACADÉMIES DE BELGRADE, BRUXELLES, BUCAREST, COÏMBRE, CRACOVIE, KIEW,
MADRID, PRAGUE, ROME, STOCKHOLM (FONDATION MITTAG-LEFFLER),
AVEC LA COLLABORATION DE NOMBREUX SAVANTS.

DIRECTEURS :

Henri VILLAT et Jean VILLEY

FASCICULE XIII

Les réseaux électromagnétiques et leurs applications

PAR M. R. MESNY

PARIS
GAUTHIER-VILLARS ET Cie, ÉDITEURS
LIBRAIRES DU BUREAU DES LONGITUDES, DE L'ÉCOLE POLYTECHNIQUE
Quai des Grands-Augustins, 55

1930

PARIS. — IMPRIMERIE GAUTHIER-VILLARS ET Cie

86680-30. Quai des Grands-Augustins, 55.

LES

RÉSEAUX ÉLECTROMAGNÉTIQUES

ET

LEURS APPLICATIONS

Par R. MESNY.

INTRODUCTION.

Le développement de la radioélectricité et principalement les succès des ondes courtes conduisent aujourd'hui à l'emploi de réseaux, grâce auxquels on peut concentrer l'énergie émise dans un faisceau étroit. Ce procédé avait été préconisé par Blondel en 1903 [23], mais à cette époque la technique n'était pas assez avancée pour en permettre l'usage. Il a fallu attendre que l'on puisse engendrer facilement des ondes de longueur inférieure à 40 ou 50^{m} pour que les dimensions des antennes à établir ne soient pas prohibitives.

Au moment où l'attention est appelée sur les ressources que l'on pourra tirer de cette méthode nouvelle, il a paru utile de grouper les principes sur lesquels elle s'appuie et de rappeler les travaux déjà parus; c'est le but de ce fascicule.

Les réseaux employés dans cette technique sont formés de séries de fils parcourus par des courants, provenant du générateur dans le cas de l'émission, induits par l'onde qui passe dans le cas de la réception. Des réseaux de cette dernière nature ont été étudiés par quelques physiciens en vue de la détermination des effets de diffraction dus à une onde incidente. Au point de vue mathématique le problème est difficile, et pour obtenir des solutions, il a fallu restreindre sa généralité. On a considéré des réseaux constitués par des fils parallèles de longueur infinie et l'on a cherché seulement l'expression du champ à grande distance, l'onde incidente étant parallèle au plan du réseau.

J.-J. Thomson [17], Lamb [5], Gans [3] et Arkadiew [2] ont traité le cas de fils métalliques de résistance nulle puis finie, en supposant le pas des grilles très petit par rapport à la longueur de l'onde. Schaeffer et Reiche [16, 17] ont au contraire supposé le pas très grand; ils ont traité le cas de fils métalliques et celui de fils diélectriques. Lord Rayleigh [11] et Voigt [20] ont pris la question d'une façon toute différente : ils ont considéré deux milieux de constantes diélectriques différentes, séparés par une surface ondulée.

Les résultats fournis par ces théories sont trop particuliers pour être utilisables dans les problèmes radioélectriques que nous envisagerons ici; aussi nous bornons-nous à ces brèves indications.

Les questions posées par la technique radioélectrique sont, le plus souvent, plus simples que celles qui ont trait à la diffraction et, dans tous les cas, les solutions approchées sont susceptibles d'applications. Nous avons consacré les trois premiers chapitres à l'exposé des principes sur lesquels reposent l'établissement et l'utilisation des réseaux émetteurs et récepteurs, et groupé dans le quatrième les résultats obtenus dans la pratique.

CHAPITRE I.

RÉSEAUX SIMPLES.

1. Expression générale du champ d'un réseau. — Dans ce chapitre nous allons étudier le champ produit par des réseaux d'antennes parcourues par des courants déterminés; nous supposerons toujours, sauf avis contraire, les réseaux isolés dans l'espace et nous ne chercherons le champ qu'ils produisent qu'à une distance assez grande pour que leurs dimensions soient négligeables par rapport à cette distance; les champs de leurs divers éléments seront alors alignés sur la même droite et s'ajouteront algébriquement; l'expression « champ » s'entendra toujours des champs électriques.

Définissons la direction d'un point éloigné par son azimut ζ, compté de Ox vers Oy, et par sa distance zénithale θ. Supposons que n antennes (1) identiques soient alignées sur l'axe Ox à la même

(1) Le mot antenne est pris ici dans son sens le plus général; c'est un système défini rayonnant de l'énergie électromagnétique.

distance d' l'une de l'autre; le champ d'une de ces antennes dans une direction donnée sera une fonction de la distance du point M, de θ, de ζ et du temps t. On pourra l'écrire

$$a \sin(\omega t - \beta),$$

β étant un angle de phase fonction du rang de l'antenne et a étant seulement fonction de θ et de ζ. (Nous laissons de côté la distance, qu'on peut dans toutes ces questions supposer constante.)

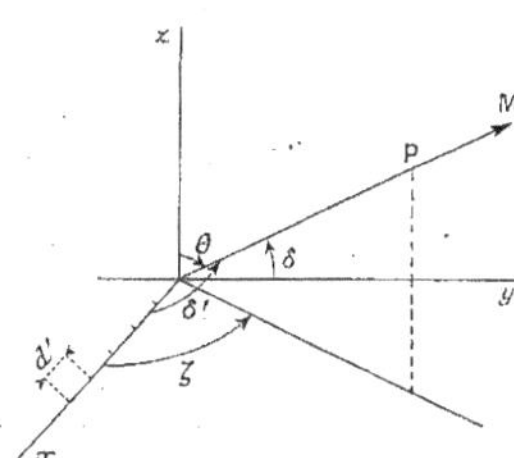

Fig. 1.

Supposons $\beta = 0$ pour l'antenne placée en O, et admettons qu'un décalage constant φ existe entre les courants de deux antennes successives. Soit d'autre part δ' l'angle $\widehat{x\mathrm{OM}}$

$$\cos\delta' = \cos\zeta \sin\theta.$$

Posons $\alpha = \frac{2\pi}{\lambda}$, l'antenne de rang p produira un champ

$$a \sin[\omega t - (p-1)(\varphi - \alpha d' \cos\delta')]$$

et l'amplitude du champ du réseau sera

$$(1) \qquad \mathrm{E} = a \frac{\sin \frac{n}{2}(\varphi - \alpha d' \cos\delta')}{\sin \frac{1}{2}(\varphi - \alpha d' \cos\delta')},$$

expression qui permet d'étudier l'effet directif obtenu. On voit que le champ est nul pour tous les angles δ' tels que, k et k' étant deux entiers, on ait

$$n(\varphi - \alpha d' \cos\delta') = 2k\pi \qquad \text{et} \qquad \varphi - \alpha d' \cos\delta' \neq 2k'\pi.$$

Au contraire dans les directions définies par

$$\varphi - \alpha d' \cos \delta' = 2 k' \pi,$$

le champ sera égal à na; les champs des antennes s'ajouteront.

La discussion de la formule générale (1) montrerait l'existence de toute une série de maximums principaux et secondaires comme il en existe dans les cas bien connus des réseaux de diffraction; les maximums principaux ayant tous la valeur na. Mais cette discussion serait longue et sans intérêt; nous allons seulement passer en revue les quelques cas particuliers utiles dans les applications.

Bouthillon [28] et Foster [33] ont donné des diagrammes correspondant à un très grand nombre de cas particuliers.

2. **Réseaux à rayonnement transversal.** — Supposons que les courants parcourant les antennes soient tous en phase; alors $\varphi = 0$ et le champ devient

$$\text{(2)} \qquad E = a \frac{\sin\left(\frac{n}{2} \alpha d' \cos \delta'\right)}{\sin\left(\frac{1}{2} \alpha d' \cos \delta'\right)}.$$

Il y a un maximum principal na pour $\delta' = \pm 90°$ et c'est le seul si

$$\frac{1}{2} \alpha d' < \pi \qquad \text{ou} \qquad d' < \lambda.$$

Cette condition est toujours remplie dans la pratique; on voit donc qu'un tel réseau rayonne un maximum d'énergie perpendiculairement à sa direction.

On voit encore immédiatement que le deuxième facteur de la formule (2) prend des valeurs égales pour des points symétriques par rapport au plan zOx. Si donc a possède la même propriété, comme cela arrive pour des antennes verticales ordinaires, le rayonnement est symétrique par rapport au plan du réseau [1].

3. **Réseaux à rayonnement longitudinal.** — Si l'on fait $\varphi = \alpha d'$, c'est-à-dire si la différence de phase est égale à celle introduite par la marche de l'onde dans la direction Ox entre deux antennes consé-

[1] On peut étudier toutes ces questions du point de vue qualitatif, et parfois quantitatif, par des considérations géométriques très simples [46].

cutives, la formule (1) devient

$$E = a\,\frac{\sin\left(n\alpha d' \sin^2 \frac{\delta'}{2}\right)}{\sin\left(\alpha d' \sin^3 \frac{\delta'}{2}\right)}. \tag{3}$$

Ici il y a un maximum principal pour $\delta' = 0$ et c'est le seul si

$$\alpha d' < \pi \quad \text{ou} \quad d' < \frac{\lambda}{2}.$$

Dans ce cas, le champ est nul pour $\delta' = 180°$; il n'y a plus la même symétrie que précédemment, et si le réseau est constitué par des antennes verticales donnant un champ maximum dans la direction horizontale, le réseau rayonne un maximum d'énergie dans la direction même de son alignement et dans un seul sens [1].

4. **Réseaux continus.** — Dans les réseaux émetteurs effectivement employés l'écartement des antennes est relativement faible; il n'est guère limité inférieurement que par la difficulté d'alimenter un nombre considérable d'antennes. Cette remarque engage à considérer le cas limite où toutes les antennes, au contact les unes des autres, formeraient un ensemble continu; les formules que l'on obtient alors sont plus simples et se prêtent plus facilement à la discussion.

Le fait que les résultats du calcul ne sont pas rigoureux a peu d'importance car, comme nous le verrons plus loin, les perturbations dues aux circonstances de milieu sont d'un ordre de grandeur très supérieur à celui des approximations admises.

a. Rayonnement transversal. — Nous considérerons d'abord le cas très simple d'un rideau horizontal continu de longueur $2l$, constitué par une nappe uniforme de courants verticaux en phase, la hauteur de la nappe étant très petite; nous supposerons cette nappe alignée sur l'axe Oy. En appelant δ l'angle de OM avec Oy (*fig.* 1) et en tenant compte de ce que le champ d'un élément vertical de courant est proportionnel à $\sin\theta$, on trouvera pour valeur du champ,

(1) On voit aisément que l'on réaliserait sans peine des rayonnements maximums dans des directions quelconques. Nous laissons de côté ces questions sans intérêt pratique.

à un facteur constant près,

$$E \sim \frac{\sin(\alpha l \cos\delta)}{\alpha l \cos\delta} \sin\theta \qquad \text{avec} \qquad \cos\delta = \sin\theta \sin\zeta. \tag{4}$$

C'est le cas du rayonnement transversal et la formule (4) correspond à la formule (2) des réseaux discontinus. Le tableau suivant qui donne quelques résultats calculés par les deux formules permet d'apprécier l'approximation de la formule (4); il est établi pour le

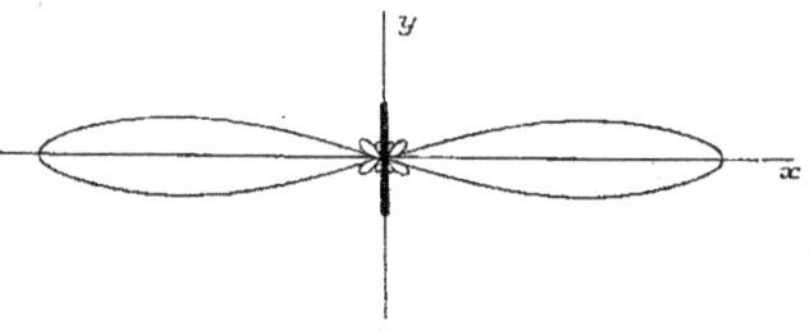

Fig. 2.

rayonnement dans l'horizon ($\theta = 90°$) de réseaux dont la longueur $2l$ vaut 4, puis 6 longueurs d'onde; l'écartement des antennes dans le réseau discontinu est supposé égal à un quart d'onde :

$2l = 4\lambda$.

	$\zeta = 3°,6$.	$7°,2$.	$13°,7$.	$14°,5$.
Champ du réseau discontinu..........	0,89	0,595	0,000	0,059
» continu.............	0,905	0,64	0,065	0,000

$2l = 6\lambda$.

	$\zeta = 3°,6$.	$7°,2$.	$9°,2$.
Champ du réseau discontinu...............	0,78	0,256	0,000
» continu	0,785	0,300	0,046

Si maintenant on examine les variations du champ dans les différents azimuts pour une distance zénithale donnée θ, on voit que le diagramme polaire est représenté par une série de « feuilles » limitées aux azimuts $\pm \arc\sin k \frac{\lambda}{2l\sin\theta}$ ($k = 1, 2, 3, \ldots$). Il en est naturellement de même du diagramme d'énergie, celle-ci étant en un point proportionnelle au carré du champ. La feuille centrale du diagramme d'énergie est seule importante; si le rayon vecteur maximum de la feuille centrale est pris pour unité, celui des deux feuilles adjacentes ne vaut que $\left(\frac{2}{3\pi}\right)^2$ sensiblement, soit $\frac{1}{22}$ environ; celui des suivantes $\left(\frac{2}{5\pi}\right)^2$ et ainsi de suite.

L'expression ci-dessus de la limite des différentes feuilles du dia-

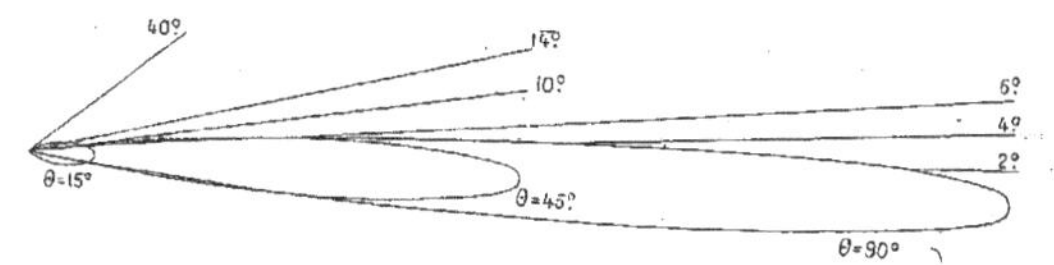

Fig. 3.

gramme, correspondant à une distance zénithale donnée, montre que la largeur de la feuille centrale augmente quand la distance zénithale diminue; la concentration du faisceau diminue en conséquence. Cependant cet effet ne devient pratiquement sensible que quand la distance zénithale est petite et alors l'énergie rayonnée est faible, même dans l'azimut privilégié. Finalement l'importance de ce phénomène n'est pas grande, la figure 3 permet de s'en faire une idée.

b. Rayonnement longitudinal. — Supposons cette fois que le réseau, de longueur $2l'$, soit aligné sur Ox (*fig.* 4) et qu'il soit

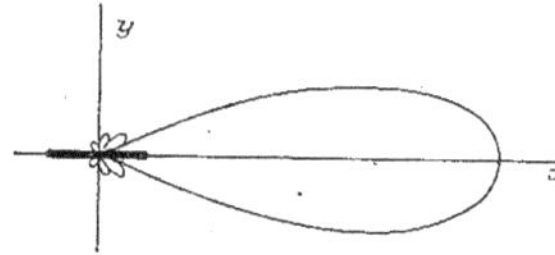

Fig. 4.

constitué par une série continue d'antennes élémentaires verticales dans lesquelles le courant du point x est décalé par rapport au courant en O d'un angle $\varphi = \alpha x$.

Le champ de ce réseau sera, à un facteur constant près,

$$(5)\qquad E \sim \frac{\sin\left(2\alpha l' \sin^2\frac{\delta'}{2}\right)}{2\alpha l' \sin^2\frac{\delta'}{2}} \sin\theta \qquad \text{avec} \qquad \cos\delta' = \cos\zeta \sin\theta.$$

Cette expression correspond à la formule (3) des réseaux discontinus. C'est une fonction de θ un peu plus compliquée que la précédente; pour comparer les rayonnements dans les deux cas a et b, supposons $\theta = 90°$, ce qui revient à examiner les valeurs relatives des champs dans l'horizon seulement. Les feuilles du diagramme polaire de (5) seront limitées aux azimuts

$$\pm 2 \operatorname{arc\,sin} \frac{1}{2}\sqrt{\frac{k\lambda}{l'}} \qquad (k = 0, 1, 2, 3, \ldots).$$

A égalité de longueur, la concentration de l'énergie sera bien meilleure avec un réseau à rayonnement transversal qu'avec un réseau à rayonnement longitudinal. Par exemple, si $2l = 2l' = 6\lambda$, la feuille centrale sera limitée dans le premier cas aux azimuts $\pm 9°,6$, dans le second à $\pm 33°,6$.

La dernière disposition reprend de l'avantage si l'on considère le rayonnement en hauteur; en effet le premier facteur de (5), ne dépendant que de δ', est nul sur toute la surface d'un cône de $33°,6$ d'ouverture; le champ est donc nul pour une distance zénithale de $54°,4$, alors que dans le cas (a) il vaut encore $\sin 54°,4 = 0,814$, quand le champ maximum dans l'horizon est pris égal à 1.

Le rayon vecteur maximum des feuilles adjacentes à la feuille centrale sera encore dans le rapport $\left(\frac{2}{3\pi}\right)^2$ avec celui de la feuille centrale; la remarque que nous venons de faire montre alors qu'il n'y aura presque aucune énergie rayonnée en dehors du cône ci-dessus. Comme nous l'avons fait remarquer au n° 3, le rayonnement est ici unilatéral et il ne faut considérer que la nappe de ce cône située du côté des x positifs.

5. **Réseaux linéaires.** — Nous appellerons ainsi un fil de longueur $2l$ parcouru par un courant uniforme de haute fréquence. En général, quand une onde se propage sur un tel fil, elle est progressive si le fil est assez long pour que le courant soit éteint avant d'arriver à son extrémité; elle est stationnaire s'il est relativement court. Il existe alors le long du fil des portions de longueur $\frac{\lambda}{2}$ mobiles ou fixes suivant le cas, sur lesquelles le courant est alternativement dans un sens ou dans l'autre. Le cas des ondes stationnaires se présente

en particulier avec les ondes courtes quand on utilise des antennes unifilaires assez courtes. Il a été étudié en détail par Balth. Van Der Pol [71], Ballantine [65] et Chaulard. Ce dernier a utilisé le rayonnement dirigé ainsi obtenu : si par exemple on emploie une antenne verticale de longueur λ, connectée à la terre à sa base, le rayonnement, de révolution autour de l'antenne, est nul dans l'horizon et maximum pour une distance zénithale de 55° environ.

Nous ne nous étendrons pas sur ces questions qui ont été entièrement examinées et dont on trouve les formules rigoureuses dans les mémoires ci-dessus indiqués. Mais nous considérerons un cas particulier des ondes stationnaires : quand celles-ci existent, on peut, jusqu'à un certain point, s'arranger de façon que les courants aient le même sens tout le long du fil considéré. Il suffit d'intercaler dans ce fil, à des intervalles d'une demi-onde, des bobines d'inductances très courtes qui sont parcourues par les courants de sens opposé à ceux qui circulent dans les parties rectilignes, et qui ont un rayonnement faible ; nous en verrons des exemples aux paragraphes 34 et 38.

On peut appliquer ici la même simplification que précédemment et admettre que le courant ait la même amplitude sur toute la longueur du fil ; nous supposerons ce dernier élongé sur l'axe Oy.

Comme le champ d'un élément de courant est proportionnel au sinus de l'angle δ que forme le rayon vecteur de ce point avec la direction de cet élément, le champ total s'obtiendra en remplaçant dans la formule (4) le facteur $\sin\theta$ par $\sin\delta$

$$(6) \qquad E \sim \frac{\sin(\alpha l \cos\delta)}{(\alpha l \cos\delta)} \sin\delta \qquad \text{avec} \qquad \cos\delta = \sin\theta \sin\zeta.$$

Ce champ est de révolution autour de Oy ; il a, dans tous ses plans méridiens, une distribution analogue à celle que le champ du réseau précédent, à rayonnement transversal, a dans l'horizon.

6. **Réseaux Bellini à une seule feuille.** — Bellini a montré depuis longtemps qu'on pouvait obtenir des réseaux donnant lieu à un rayonnement très dirigé dont le diagramme n'aurait qu'une seule feuille [22]. Il suffit pour cela de supposer que les courants dans les n antennes sont proportionnels aux coefficients du développement de $\cos^{n-1}(t)$. On déduit immédiatement cette proposition de la

considération de la formule connue ([1])

$$2^{n-1} \times \cos^{n-1}(t) = 2\cos(n-1)t + 2\frac{n-1}{1}\cos(n-3)t$$
$$+ 2\frac{(n-1)(n-2)}{1.2}\cos(n-5)t + \ldots$$
$$+ \frac{(n-1)(n-2)\ldots\frac{n+1}{2}}{1.2.3\ldots\frac{n-1}{2}}.$$

Si l'on suppose les antennes toutes en phase et alignées sur l'axe Oy et que l'on pose

$$t = \frac{1}{2}\alpha d\cos\delta,$$

on voit immédiatement que le terme du second membre

$$2\frac{(n-1)(n-2)(n-3)}{1.2.3}\cos\left(\frac{n-7}{2}\alpha d\cos\delta\right),$$

par exemple, représente l'amplitude du champ résultant de deux antennes, symétriques par rapport au milieu du réseau et parcourues par un courant proportionnel au coefficient du cosinus; ces deux antennes sont d'ailleurs à la distance $\frac{n-7}{2}d$ du milieu.

L'amplitude du champ total est donc

$$(7) \qquad E \sim 2^{n-1}\cos^{n-1}\left(\frac{\alpha d\cos\delta}{2}\right)$$

et le diagramme n'a qu'une feuille si $d \leqq \frac{\lambda}{4}$. Le rayonnement est naturellement transversal.

En conservant la même disposition des antennes et les mêmes amplitudes des courants, on pourrait obtenir un réseau à rayonnement longitudinal en faisant en sorte que d'une antenne à la suivante la phase du courant change de π. Pour le montrer on partirait de la formule donnant $\sin^{n-1}(t)$ dont le développement ne diffère de celui de $\cos^{n-1}(t)$ que par l'inversion alternative des signes du second membre. Le champ serait, en supposant le réseau aligné sur Ox,

$$(8) \qquad E \sim 2^{n-1}\sin^{n-1}\left(\frac{\alpha d'\cos\delta'}{2}\right).$$

([1]) Nous considérons par exemple le cas où n est impair.

Bouthillon a montré qu'avec des réseaux de cette espèce répartis symétriquement autour d'un axe vertical, on pourrait obtenir théoriquement un radiogoniomètre ou un radiophare tournant à maximum très accentué [29].

7. **Réseaux à faible développement.** — Dans tous les cas que nous avons étudiés avant le précédent, il était nécessaire de donner un grand développement au réseau pour obtenir une concentration importante. Avec les réseaux correspondant aux formules (7) et (8) ci-dessus, rien ne s'oppose théoriquement à l'établissement d'un réseau de largeur aussi faible que l'on voudra et dont la concentration soit considérable. On le voit immédiatement sur la formule (8) qui, quand d' est assez petit, peut s'écrire

$$E \sim (\alpha d')^{n-1} (\cos \delta')^{n-1}.$$

Il ne s'agit d'ailleurs là, du moins pour le moment, que de conceptions purement théoriques en raison des difficultés de réalisation. Chireix a pensé néanmoins pouvoir employer des dispositifs analogues pour la réception [30].

8. **Réseaux paraboliques.** — On peut encore concentrer les ondes électromagnétiques en utilisant des miroirs. Ceux-ci, comparés avec ceux qu'on emploie pour les ondes lumineuses, sont toujours de très petites dimensions; et, cette particularité, jointe à la polarisation rectiligne du champ produit par les antennes, a conduit à utiliser des miroirs en forme de cylindres paraboliques; l'antenne rectiligne est alors placée sur l'axe focal du cylindre.

Des miroirs pleins sont irréalisables avec les ondes, même les plus courtes, que l'on emploie dans les communications, aussi a-t-on cherché à les remplacer par une série de fils tendus suivant les génératrices des cylindres, créant ainsi de véritables réseaux; les résultats obtenus ont été du même ordre. En accordant ces fils sur la fréquence de l'onde émise, on peut réduire leur longueur à une demi-onde environ.

De tels systèmes donnent une concentration à peu près équivalente à celle d'un réseau à rayonnement transversal d'une longueur égale à leur ouverture, et comme ces derniers sont beaucoup moins encombrants, ils sont uniquement employés aujourd'hui, sauf dans des cas très spéciaux [32, 51, 58].

9. **Calcul du champ d'un groupement quelconque d'antennes.** — Le calcul du champ d'un réseau de cette espèce peut s'effectuer par la méthode suivante qui s'applique au cas général d'un groupement quelconque d'antennes dont une partie seulement est alimentée directement.

On écrit pour chaque antenne que le produit de son impédance par le courant qui la parcourt est égal à la somme des forces électromotrices appliquées; celles-ci sont, d'une part celles qui proviennent du champ des autres antennes, d'autre part celles qui sont directement appliquées à quelques-unes d'entre elles. On obtient ainsi autant d'équations que d'antennes et l'on peut calculer les courants qui les parcourent; le champ de l'ensemble en un point s'obtient alors facilement.

Dans ces calculs la résistance à introduire est la somme de la résistance de rayonnement et de celle qui résulte de l'effet Joule, cette dernière étant généralement négligeable avec les ondes employées. La résistance de rayonnement d'une antenne doit être celle de cette antenne supposée isolée de toutes les autres; la notion de résistance de rayonnement peut être en effet considérée comme appartenant en propre à une antenne, indépendamment de la part qu'elle peut prendre dans le rayonnement du groupe auquel elle appartient. On sait en effet, comme l'a montré Brillouin [67], que la résistance de rayonnement se traduit sur l'antenne elle-même par l'action sur le courant qui la parcourt, de la composante de son propre champ qui se trouve en opposition avec ce courant; elle ne dépend donc que de la distribution de ce dernier. Quand une antenne est entourée de plusieurs autres, le champ de ces dernières vient produire une absorption supplémentaire d'énergie — positive ou négative — correspondant à une modification du rayonnement; mais dans les équations ci-dessus on tient compte de ces effets en écrivant l'expression des forces électromotrices appliquées sur une antenne par le champ des autres. Ce raisonnement ne serait en défaut que si les réactions entre antennes modifiaient la distribution des courants qui les parcourent.

Le calcul dont nous venons d'indiquer le principe serait extrêmement pénible à cause de la complexité du champ d'une antenne à courte distance; il n'est guère abordable qu'en les remplaçant toutes par des doublets. En introduisant cette simplification on peut étudier les cas les plus simples et obtenir des résultats indiquant l'allure des phénomènes.

Wilmotte et Mc Petrie ont indiqué un procédé graphique susceptible de faciliter l'application de cette méthode [59]. Ce procédé consiste, en principe, à tracer, en fonction de la distance, les courbes représentant les variations du champ en amplitude et en phase.

10. **Réseaux en grecques et en dents de scie.** — L'étude des propriétés des réseaux précédents est des plus simples, elle se borne à l'application de quelques formules de trigonométrie et le choix est facile à faire de la meilleure distribution quand il suffit de décréter que tels et tels fils seront parcourus par tels courants, et qu'une différence de phase donnée existera entre telles antennes; autre chose est de passer à la réalisation.

Obtenir des courants bien déterminés en des points différents et parfois fort espacés n'est pas chose simple quand la moindre capacité parasite constitue une dérivation importante, quand des réflexions se produisent à toute bifurcation, à tout changement des constantes d'une ligne. Ces difficultés ont été souvent mises en évidence et diverses précautions ont été indiquées pour obtenir une alimentation des quelques antennes dont étaient constitués les rideaux réalisés.

Pour éviter ces difficultés nous avons pensé à construire un rideau au moyen d'un fil non interrompu replié en grecque comme sur la figure 5 [43]. Si l'on excite un tel fil en son milieu, sur le brin AB,

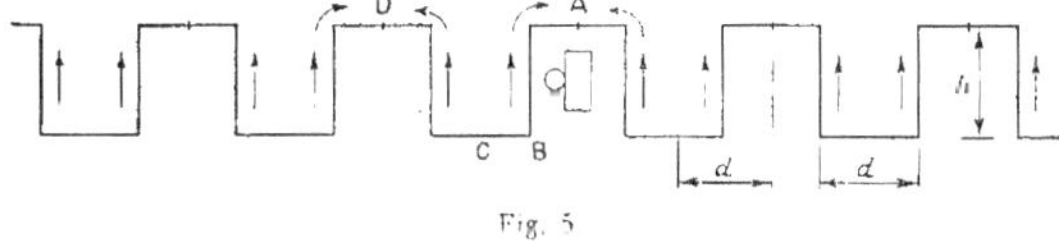

Fig. 5

on obtient, abstraction faite de l'atténuation des courants, une distribution régulière de courants stationnaires; si l'on choisit une fréquence telle que la demi-longueur d'onde soit égale à la longueur comprise entre les milieux C et D de deux brins horizontaux consécutifs, on voit que tous les brins verticaux seront parcourus par des courants de même sens, on aura un réseau tel que ceux que nous avons étudiés plus haut (§ 4, *a*).

Les courants qui passent dans les brins horizontaux ne rayonnent que très peu. En effet si l'on néglige l'atténuation du courant le long du fil, chaque brin horizontal est parcouru par des courants égaux et de signes contraires sur chacune de ses moitiés; en outre, ces régions étant près des nœuds de courant, les courants y sont faibles. Nous reviendrons d'ailleurs sur cette question un peu plus loin.

Un dispositif basé exactement sur les mêmes principes a été imaginé indépendamment et publié antérieurement par Chireix [31, 49]; son antenne est constituée par une ligne brisée dont les côtés formant dents de scie, ont une longueur d'une demi-onde (*fig.* 6).

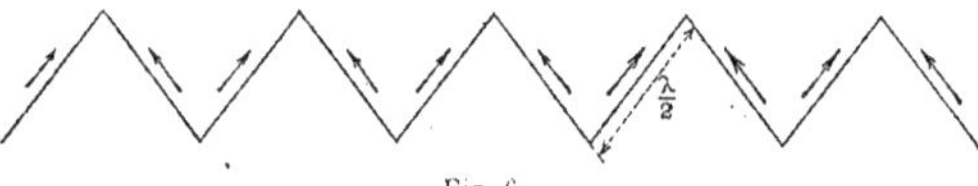

Fig. 6.

Marius Latour a fait remarquer qu'on peut aussi obtenir de cette façon des réseaux à rayonnement longitudinal; il suffit, par exemple, de donner à chacun des brins verticaux et horizontaux la longueur $\frac{\lambda}{2}$.

11. Cas d'une onde progressive dans la grecque. — Imaginons que la grecque de la figure 5 soit disposée de façon à supprimer les réflexions aux extrémités du fil; ce dernier sera parcouru par une onde progressive et, en négligeant encore l'atténuation, le courant à une distance u du milieu sera proportionnel à

$$i \sim \sin(\omega t + \alpha' u) \qquad \left(\alpha = \frac{2\pi}{\lambda'}\right),$$

λ' étant la longueur de l'onde sur le fil.

Cette expression représente la superposition des deux courants stationnaires

$$i_1 \sim \cos\alpha' u \sin\omega t,$$
$$i_2 \sim \sin\alpha' u \cos\omega t.$$

Le premier i_1 est identique à celui qui a été considéré au paragraphe 10; il a ses ventres au milieu des brins verticaux, ses nœuds au milieu des brins horizontaux; son rayonnement est transversal comme au paragraphe 4, *a*.

Le courant i_2 au contraire a ses ventres au milieu des brins horizontaux; il rayonne un champ horizontal dont la distribution dans l'espace se déduirait aisément des formules du réseau linéaire (§ 5).

La remarque de Marius Latour (§ 10) s'applique ici avec plus de généralité: il y aura rayonnement longitudinal si la hauteur h et la distance d de deux brins voisins satisfont à la relation

$$h - d = \pm d - (2n + 1)\frac{\lambda}{2}.$$

Quand il en sera ainsi, la différence de marche le long du fil entre les courants dans ces deux brins, *comptés positivement vers le haut*, ne différera de la différence de marche de l'onde entre les mêmes brins que d'un nombre entier de longueurs d'onde.

12. Atténuation du courant dans les réseaux en dents de scie ou en grecques. — Cherchons maintenant à tenir compte de l'atténuation du courant pour obtenir la loi de ses variations dans les brins successifs. Il n'est encore pas possible de traiter cette question rigoureusement, cependant en supposant le fil déployé et en appliquant les formules de propagation le long d'une ligne, on peut obtenir des résultats approchés qui permettent de voir comment de tels réseaux se comportent [45].

En appelant σ la longueur du fil depuis une de ses extrémités jusqu'à un point déterminé, le courant en ce point peut s'écrire en notations imaginaires

$$i \sim \operatorname{sh}[(\tau - j)\alpha'\sigma]e^{j\omega t}$$

où

$$\alpha' = \frac{2\pi}{\lambda'}, \qquad \tau = \frac{\varphi}{2}, \qquad \operatorname{tang}\varphi = \frac{\rho}{l\omega},$$

λ' étant la longueur d'onde sur le fil, ρ et l les résistance et self-inductance moyennes du fil par centimètre.

En partant de cette formule, on peut calculer facilement le courant moyen dans les brins rayonnants; en admettant que ceux-ci aient une longueur $(2m\lambda')$ (¹), on trouve que l'amplitude du courant moyen dans le brin de rang p (ce rang étant compté à partir de

(¹) Pour une dent de scie $m = 0,25$.

l'extrémité du réseau) est donnée très sensiblement par la relation

$$(9) \qquad I_p \sim a \frac{\sin(2\pi m)}{m} \operatorname{ch}\left[(2p-1)\tau\frac{\pi}{2}\right],$$

et que *sa phase est indépendante de son rang*. Donc, en tenant compte de l'atténuation, les courants dans tous les brins du réseau restent en phase.

On peut maintenant calculer l'atténuation du courant entre le milieu et l'extrémité. En appelant $2l$ la longueur du réseau et d l'écartement entre deux brins verticaux on trouve sensiblement :

$$\frac{\text{intensité dans le dernier brin}}{\text{intensité dans le brin milieu}} = \frac{1}{\operatorname{ch}\left[\left(\frac{2l}{d}+1\right)\tau\frac{\pi}{2}\right]}.$$

Pour calculer ce rapport il faut connaître la valeur de τ, c'est-à-dire le rapport $\frac{\rho}{l\omega}$ auquel on peut substituer le rapport $\frac{R}{L\omega}$, R et L étant la résistance et la self-inductance totales d'une longueur du fil égale à une demi-onde. Nous verrons plus loin (§ 26) comment apprécier la résistance R qui est presque uniquement due au rayonnement. Pour des antennes semblables, correspondant à des ondes dans le même rapport de similitude, R est constant; il en est évidemment de même du produit $L\omega$. Le calcul de τ peut donc être fait sans se soucier de la fréquence de l'onde; on trouve qu'une valeur de 0,03 est très normale (¹).

En supposant l'écartement d des antennes égal à $\frac{\lambda}{4}$ et la longueur totale du réseau $2l$ égale à 4λ, on trouve pour le rapport précédent 0,75. Ce chiffre tombe à 0,28 si $2l = 10\lambda$.

Enfin en assimilant le réseau discontinu à un réseau continu dans lequel le courant vertical varierait en fonction de son abcisse y suivant une loi connue on peut calculer la distribution du champ rayonné.

(¹) Remarquons en passant que, sur les ondes les plus courtes du moins, on peut diminuer sensiblement τ en employant un fil très fin. La self-inductance d'un fil de 1ᵐ de long et de 0ᵐᵐ,5 de diamètre est en effet de 1,45 μH, alors que celle d'un fil de même longueur, mais de 2ᵐᵐ de diamètre, vaut seulement 1,17 μH; la self-inductance par unité de longueur dépend seulement du rapport de la longueur au diamètre.

En posant $u = \frac{\gamma}{l}$ cette loi serait

$$f(u) = \cos h \left\{ [n - (n-1)u]\tau \frac{\pi}{2} \right\},$$

et en posant encore

$$q = \frac{\lambda}{2d}, \qquad \alpha = \left(q\alpha l - \frac{\pi}{2} \right)\tau, \qquad \gamma = \alpha l \cos\delta,$$

le champ s'exprimerait par la relation

$$(10) \qquad E \sim \frac{q\tau\left(\operatorname{sh}\alpha - \cos\gamma \operatorname{sh}\frac{\pi\tau}{2}\right) + \cos\delta \sin\gamma \operatorname{ch}\frac{\pi\tau}{2}}{q^2\tau^2 - \cos^2\delta}.$$

Les diagrammes résultant des mesures de champ effectuées dans les différentes directions donnent un accord satisfaisant avec cette formule quand la longueur du réseau dépasse 4 à 5 longueurs d'onde (§ 30).

13. Influence d'un désaccord dans un réseau en dents de scie — Quand la longueur du brin d'une dent de scie est différente d'une demi-onde, les courants sont décalés par rapport à ces brins et le décalage va en augmentant des extrémités du réseau vers le milieu ; il en résulte une modification du courant moyen I_p dans le brin de rang p. En désignant par $\rho \frac{\lambda'}{2}$ la différence entre la longueur d'un brin et une demi-onde, on trouve

$$(11) \qquad I_p \sim \cos\left[(2p-1)\rho\frac{\pi}{2}\right] \operatorname{ch}\left[(2p-1)\tau\frac{\pi}{2}\right];$$

quant à la phase de ce courant, elle est donnée très sensiblement par

$$(12) \qquad \operatorname{tang}\varphi_p = -\frac{1}{\tau}\,\frac{1 - \frac{\pi}{2}\tau^2 \operatorname{tang}\left[(2p-1)\rho\frac{\pi}{2}\right]}{1 - \frac{\pi}{2}\operatorname{tang}\left[(2p-1)\rho\frac{\pi}{2}\right]}.$$

Nous avons laissé de côté la diminution d'intensité qui résulte du désaccord, car elle affecte proportionnellement tous les courants.

Il résulte des deux formules précédentes qu'un petit désaccord n'est pas nuisible à la directivité ; en effet dans l'expression de I_p la décroissance du cosinus circulaire qui résulte de l'accroissement de p compense en partie la croissance du cosinus hyperbolique ;

quant à la phase, elle ne varie pas de plus de 2° d'un bout à l'autre du réseau, en raison de la petite valeur de τ égale à 0,03 environ.

On suppose bien entendu que le désaccord ne dépasse pas quelques centièmes; il est d'autant plus limité que le réseau est plus long et les brins plus serrés.

14. **Réseaux en arête.** — Alexanderson a établi des réseaux disposés comme sur la figure 7. Une ligne de deux conducteurs est shuntée à intervalles égaux par des impédances I desquelles partent, vers le haut et vers le bas, des fils verticaux formant antennes. Si l'on ali-

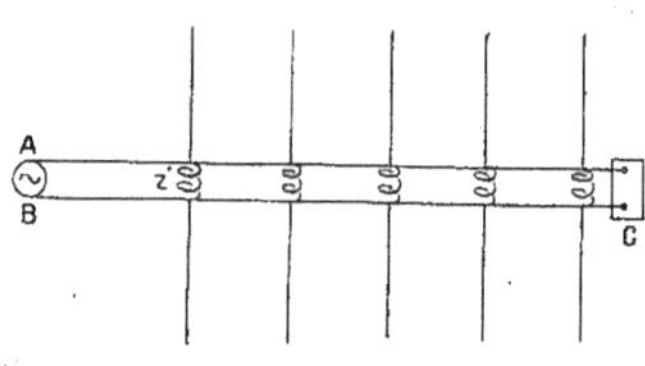

Fig. 7.

mente cette ligne en AB et qu'on la termine en C par une impédance égale à son impédance caractéristique, il n'y aura pas de réflexion en C et la ligne sera parcourue par une onde progressive. Si la vitesse de propagation de cette onde est extrêmement grande, la longueur de l'onde *sur le fil* sera aussi très grande et tous les points de la ligne pourront être considérés comme ayant au même instant la même phase; il en sera de même des courants dans les fils verticaux et l'on aura un réseau à rayonnement transversal. Ce dispositif est une application nouvelle d'un principe qu'Alexanderson avait déjà utilisé voici une quinzaine d'années pour des antennes émettant des ondes très longues.

15. **Réseaux directeurs d'ondes.** — Soit une onde se propageant dans la direction de la flèche (*fig.* 8); alignons parallèlement à cette direction une série d'antennes équidistantes à des intervalles d. Ces antennes seront excitées par l'onde et ajouteront leur rayonnement au sien; l'ensemble du phénomène électromagnétique se propagera avec la vitesse de la lumière, de telle sorte que les courants dans

deux antennes consécutives seront décalés d'un angle $\varphi = \alpha d$; on aura un réseau à rayonnement longitudinal (§ 4, *b*). Il y aura bien quelques perturbations dans la distribution des phases vers les extrémités du réseau, mais l'allure des phénomènes sera celle que nous venons de décrire.

Yagi et Uda ont employé un tel alignement pour concentrer l'énergie émise par une antenne directement excitée et placée près d'une extrémité de cet alignement [52 à 55, 61 à 64]; nous y reviendrons au paragraphe 30, mais proposons-nous actuellement de rechercher la meilleure concentration possible. Pour cela, il faudra faire en sorte que la résultante des champs de l'onde excitatrice et des ondes excitées soit la plus grande possible [55].

Fig. 8.

Négligeons d'abord les réactions des antennes les unes sur les autres, auquel cas les seules forces électromotrices dont elles sont le siège seront produites par l'onde excitatrice. Soit $M \sin \omega t$ le champ que celle-ci produit au point A, M étant positif; si les antennes étaient accordées sur la pulsation ω, le courant dans l'antenne qui se trouve en A serait de la forme $I \sin \omega t$, I étant positif, et le champ auquel elle donnerait lieu en un point éloigné P, situé à une distance r, serait de la forme

$$E_a = - N \cos(\omega t - \alpha r),$$

N étant positif; cela résulte des formules connues du doublet.

Le champ de l'onde au même point, supposé placé dans le prolongement de l'alignement, serait, d'autre part,

$$E_0 = M \sin(\omega t - \alpha r);$$

les deux champs seraient donc en quadrature.

En supposant maintenant les antennes désaccordées, leurs courants seront tous déplacés d'un même angle ψ et le champ en P de l'antenne A sera

$$E'_a = - N \cos\psi \cos(\omega t - \alpha r + \psi).$$

On voit facilement que le champ total $(E'_a + E_0)$ atteindra son amplitude maxima pour une valeur positive de ψ [1]. Il y aura donc intérêt à désaccorder les antennes de façon que les courants qui y prennent naissance soient en avance sur la force électromotrice qui les produit et l'on devra leur donner une longueur inférieure à $\frac{\lambda}{2}$.

Pour nous rendre compte simplement de l'influence des réactions des antennes les unes sur les autres, examinons le cas d'un très long réseau. Si le courant dans l'antenne A est

$$i_a = \mathrm{I} \sin(\omega t + \psi)$$

dans l'antenne B distante de r', il sera

$$i_b = \mathrm{I} \sin(\omega t - \alpha r' + \psi),$$

et la force électromotrice que A induira sur B sera de la forme

$$\mathcal{E}_b = -\mathrm{Q} \cos(\omega t - \alpha r' + \psi),$$

Q étant positif. $\mathcal{E}_b$ sera donc en retard de $\frac{\pi}{2}$ sur i_b et produira le même effet qu'une force électromotrice d'induction.

Les choses se passent donc comme si les antennes groupées avaient une self-inductance supérieure à celle d'une antenne isolée; c'est une raison de plus pour diminuer leur longueur. L'expérience permet de déterminer exactement les corrections à faire.

16. **Réseaux récepteurs à antennes indépendantes.** — Les réseaux récepteurs présentent des différences avec les réseaux émetteurs. Alors que dans les premiers on pouvait en toute rigueur calculer leur action en se donnant l'intensité et la phase dans chaque antenne puisque, aux difficultés de réalisation près, on pouvait fixer ces éléments par une alimentation convenable, on retrouve ici des difficultés analogues à celles rencontrées dans l'étude théorique des réseaux de diffraction.

C'est l'onde qui passe qui excite les différentes antennes, et celles-ci réagissant les unes sur les autres, il faudrait connaître exactement ces

---

[1] Nous avons fait le raisonnement avec une seule antenne; il est clair que ce dernier est valable si l'on considère leur ensemble puisque tous leurs champs sont en phase au point P. L'expérience a montré que les antennes devaient être à une distance l'une de l'autre de $\frac{3\lambda}{8}$ au moins.

actions réciproques. On doit se contenter de solutions approchées et, autant que nous le sachions, aucune étude sur ce sujet n'a été publiée.

Nous examinerons seulement quelques cas simples, le plus couramment employés, en négligeant les réactions mutuelles des antennes.

Imaginons un système récepteur dans lequel on a établi des connexions telles, entre le récepteur proprement dit et un réseau simple, que tous les effets induits dans ces antennes viennent s'ajouter algébriquement dans le récepteur; ce seront, par exemple, les connexions indiquées sur la figure 9. On voit immédiatement que le courant total arrivant au récepteur sera une fonction de la direction de l'onde incidente, identique à celle qui définissait le champ du

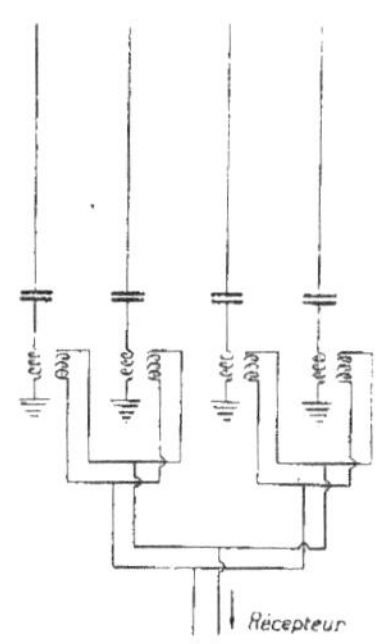

Fig. 9.

même réseau quand on alimentait toutes ses antennes par des courants ayant la même amplitude et la même phase.

En disposant les connexions de façon à modifier suivant une loi donnée les phases des différents courants avant de les amener au récepteur, on obtiendrait telle caractéristique de réceptivité que l'on désirerait.

Comme les antennes d'un réseau sont toujours très nombreuses, il est très difficile de réaliser pour chacune d'elles des connexions telles que les précédentes; on les groupe alors deux par deux à leur partie inférieure par un conducteur sur lequel on vient fixer la liaison à la terre par capacité et inductance (*fig.* 10); les différents groupes sont traités comme l'étaient les antennes simples dans la figure 9.

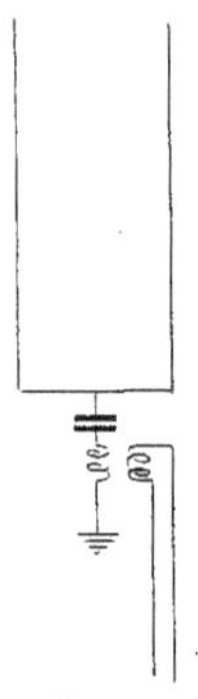

Fig. 10.

Il est facile de calculer le courant i aux bornes du condensateur du circuit oscillant du récepteur. Soient r la résistance de ce dernier, R celle d'une des antennes et n leur nombre. On trouve que la mutuelle optima entre une antenne et la dérivation correspondante du récepteur (en supposant une dérivation par antenne) est

$$\mathfrak{M} = \frac{1}{\omega}\sqrt{n\mathrm{R}r},$$

et l'intensité maxima,

$$i = \frac{\mathrm{E}\sqrt{n}}{2\sqrt{\mathrm{R}r}}, \tag{13}$$

E étant la force électromotrice induite par l'onde dans une antenne.

Le bénéfice est donc proportionnel à la racine carrée du nombre des antennes.

17. Réseaux récepteurs en dents de scie ou en grecque. — Un réseau en dents de scie ou en grecque a forcément une réceptivité transversale, comme dans le cas de l'émission il avait un rayonnement transversal.

Il est évident que les actions du champ électrique de l'onde s'intègrent d'elles-mêmes dans le fil continu de la grecque, dans laquelle le courant, indépendamment de tout système extérieur, a une valeur fixée, d'après la direction de l'onde, par la caractéristique étudiée à l'émission. On recueillera l'énergie qu'elle collecte en couplant le récepteur sur l'un de ses brins, de préférence sur celui du milieu. A première vue, on pourrait penser qu'un tel couplage ne permet de recueillir au récepteur qu'une quantité d'énergie égale à celle captée par une seule antenne verticale, car le courant dans un brin de la grecque est le même que celui qui serait induit dans une seule antenne d'un réseau à brins séparés. Il n'en est pas ainsi, car l'énergie collectée par l'ensemble des brins s'écoule le long du fil pour venir s'absorber au point de couplage.

On peut, d'ailleurs, encore calculer le courant recueilli dans le récepteur. En appelant $\mathcal{E}$ la force électromotrice induite dans l'antenne par unité de longueur, ρ, l et g la résistance, la self-inductance et la capacité par unité de longueur, en posant

$$\operatorname{tang}\varphi = \frac{\rho}{l\omega}, \qquad \varepsilon = \frac{\pi\varphi}{4}, \qquad \nu^2 = \frac{\cos\varphi}{lg},$$

en désignant enfin par n le nombre des antennes et par r la résistance du récepteur, on trouve que la mutuelle optima $\mathfrak{M}$ et le courant maximum i dans le récepteur sont donnés par les formules

$$\mathfrak{M} = \frac{1}{\omega}\sqrt{\frac{r \operatorname{th} n\varepsilon}{g\nu}}, \qquad i = \frac{1-\sin\varepsilon}{2\sin\varepsilon}\,\frac{\mathcal{E}\nu}{\omega}\sqrt{\frac{\operatorname{th}(n\varepsilon)}{r}\,g\nu}.$$

Ces formules supposent un couplage magnétique, réalisé au milieu de l'antenne, et par suite, un nombre impair de brins. Elles se simplifient quand $n\varepsilon$ n'est pas trop grand (ε vaut environ 0,05), et si l'on appelle E la force électromotrice induite dans un brin entier et R la résistance de ce brin, elles deviennent

$$(14) \qquad \mathfrak{M} = \frac{1}{2\omega}\sqrt{n\mathrm{R}r}, \qquad i = \frac{\mathrm{E}\sqrt{n}}{\pi\sqrt{\mathrm{R}r}}.$$

En comparant avec la valeur de i trouvée au paragraphe 16, on constate qu'à égalité du nombre de brins, le courant dans le récepteur est un peu inférieur à celui qui correspondait au système précédent. L'expérience indique que cette infériorité n'existe pas dans la pratique; ce résultat est vraisemblablement la conséquence des difficultés de réglage du système à antennes indépendantes dans lequel il est pratiquement impossible d'assurer l'égalité rigoureuse des phases et des amplitudes dans tous les éléments.

CHAPITRE II.

RÉSEAUX MULTIPLES.

18. **Réseaux doubles.** — Considérons un réseau simple à rayonnement transversal tel que celui étudié au paragraphe 2, mais supposons-le aligné sur l'axe Oy, il donnera lieu à un champ

$$E_t = a \frac{\sin\left(\frac{n}{2}\alpha d \cos\delta\right)}{\sin\left(\frac{1}{2}\alpha d \cos\delta\right)}, \tag{15}$$

d étant l'écartement de deux éléments voisins et a représentant le champ d'un de ses éléments supposé isolé; les autres notations sont conformes à celles du paragraphe 1 et de la figure 1.

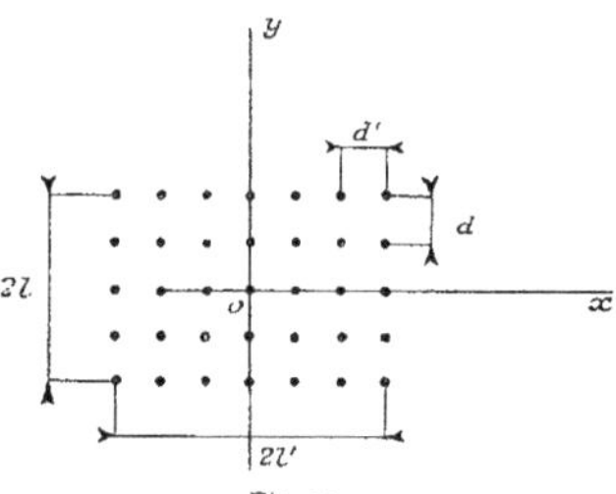

Fig. 11.

Nous n'avons fait aucune hypothèse particulière sur la nature de ces éléments; nous pouvons donc les considérer comme étant eux-mêmes des réseaux orientés à angle droit avec le précédent, parallèlement à l'axe Ox. Si chacun de ces derniers comporte n' antennes verticales d'écartement d', de différences de phase $\varphi = \alpha d'$, et dont le champ, lorsqu'elles sont isolées, est proportionnel à $\sin\theta$, le champ a de l'un de ces réseaux sera

$$a \sim \sin\theta \frac{\sin\left(n'\alpha d'\sin^2\frac{\delta'}{2}\right)}{\sin\left(\alpha d'\sin^2\frac{\delta'}{2}\right)},$$

et le champ résultant du réseau double sera

$$\text{(16)} \qquad E \sim \frac{\sin\left(\frac{n}{2}\alpha d\cos\delta\right)}{\sin\left(\frac{1}{2}\alpha d\cos\delta\right)} \frac{\sin\left(n'\alpha d'\sin^2\frac{\delta'}{2}\right)}{\sin\left(\alpha d'\sin^2\frac{\delta'}{2}\right)} \sin\theta.$$

19. Principe de multiplication des caractéristiques. — Appelons *caractéristique* d'un groupement quelconque d'antennes la fonction de θ et de ζ (§ 1), qui représente la distribution de son champ, abstraction faite des propriétés directives de ses éléments. Par exemple, pour le réseau simple à rayonnement transversal du numéro précédent, la caractéristique est le rapport de sinus de la formule (15). Considérons deux groupements dont les caractéristiques soient $f_1(\theta, \zeta)$ et $f_2(\theta, \zeta)$. Si l'on constitue les éléments du premier groupement par des groupements identiques du deuxième type, la répétition du raisonnement précédent montre que la caractéristique du groupement double sera

$$\varphi(\theta, \zeta) = f_1(\theta, \zeta) f_2(\theta, \zeta).$$

Cette proposition qui s'appliquerait à un nombre quelconque de substitutions a été énoncée sous sa forme générale par Bouthillon [28].

20. Rayonnements unidirectionnels. — Considérons un réseau double constitué seulement par deux réseaux simples à rayonnement transversal ($n' = 2$); il y aura, par exemple, à la distance d' l'une de l'autre, deux rangées d'antennes alignées parallèlement à Oy. Soit E_t le champ de l'une de ces rangées considérée isolément, le champ résultant sera

$$E = 2E_t \cos\left(\alpha d' \sin^2\frac{\delta'}{2}\right).$$

Donnons à d' la valeur $\frac{\lambda}{4}$ de façon que $\alpha d' = (2n+1)\frac{\pi}{2}$. Il vient

$$E = 2E_t \cos\left(\frac{\pi}{2}\sin^2\frac{\delta'}{2}\right).$$

Considérons d'abord ce qui se passe dans le plan d'horizon, plan des x, y : alors $\delta' = \zeta$, On voit que

$$E = 2E_t \quad (\text{pour } \zeta = 0) \qquad \text{et} \qquad E = 0 \quad (\text{pour } \zeta = \pi);$$

le champ dans la direction des x positifs est donc doublé, il est annulé dans la direction opposée. Si le champ E_t des réseaux simples est lui-même assez concentré, qu'il n'a de valeur appréciable que dans un angle d'une quinzaine de degrés de part et d'autre de Ox, le rayonnement du côté des x positifs subsistera seul pratiquement, la forme de son diagramme sera à peine modifiée : au contraire, la feuille symétrique de ce diagramme située vers les x négatifs disparaîtra complètement.

En revanche, il y a lieu de remarquer que le rayonnement en hauteur dans l'azimut $\zeta = \pi$ conserve une valeur assez importante. Par exemple, pour $\zeta = \pi$, $\theta = \frac{\pi}{4}$, on a

$$\delta = \frac{3\pi}{4} \qquad \text{et} \qquad \cos\left(\frac{\pi}{2}\sin^2\frac{\delta'}{2}\right) = 0{,}24.$$

Si donc, avec deux réseaux à rayonnement transversaux seulement, on veut réduire très notablement le champ dans toute la région des x négatifs, il faudra que chacun de ces réseaux pris isolément rayonne peu en hauteur ; nous verrons qu'on obtient ce résultat en augmentant la hauteur des antennes dans chaque réseau (§ 27) ; on y arriverait aussi en multipliant le nombre des rangées à rayonnement transversal, mais cette méthode n'est pas facile à appliquer.

21. **Disposition optima d'un réseau double.** — Une question se pose naturellement à l'esprit : étant donné un nombre d'antennes N, quelle est la disposition la plus avantageuse à leur donner ?

Admettons que la disposition la plus avantageuse soit celle qui donne le rayonnement le plus condensé en azimut, il est alors facile de montrer que la disposition envisagée est celle dans laquelle toutes les antennes sont réparties sur un réseau simple à rayonnement transversal ou, si l'on désire un rayonnement unidirectionnel, sur deux réseaux de cette espèce.

Pour cela, nous admettrons encore l'hypothèse des réseaux continus du paragraphe 4. Nous supposerons que le rectangle de la figure 11, de côtés $2l$ et $2l'$, est la base d'un parallélépipède dans lequel il existe sur toute verticale un courant satisfaisant aux conditions suivantes : tous les courants se trouvant sur une même parallèle à Oy sont en phase, tous ceux qui sont sur une même parallèle à Ox ont par rapport au courant en O une phase $\varphi = \alpha . x$; les amplitudes de tous les courants sont égales. Le champ du réseau ainsi constitué sera, dans l'horizon, proportionnel à

$$(17) \qquad A = \frac{\sin(\alpha l \sin\zeta)\sin\left(2\alpha l' \sin^2\frac{\zeta}{2}\right)}{\alpha^2 l l' \sin\zeta \sin^2\frac{\zeta}{2}}.$$

La constance du nombre des antennes se traduit ici par la constance de la surface du rectangle ll' et l'étude du champ dans une direction donnée se réduit à celle du produit

$$B = \sin(ml)\sin\left(ml' \operatorname{tang}\frac{\zeta}{2}\right),$$

quand. m restant constant, l et l' varient en raison inverse l'un de l'autre. Il faut chercher la disposition pour laquelle B est le plus petit possible pour une valeur donnée de ζ (sauf pour $\zeta = 0$ où A est toujours égal à 1).

On trouve alors que, de deux dispositions dans lesquelles $\frac{l}{l'}$ ou $\frac{l'}{l}$ ont la même valeur, la plus avantageuse est celle pour laquelle l est plus grand que l', et qu'une disposition dans laquelle l est supérieur à l' est d'autant plus avantageuse que l est plus grand.

On pourrait prendre, comme conditions les plus avantageuses, d'autres conditions que celles que nous avons choisies; par exemple, pour une *puissance donnée*, quelle est la disposition qui permet de rayonner dans la direction Ox le *maximum d'énergie ?* Cette étude exigerait des formules relatives à la puissance rayonnée qu'il ne paraît pas possible d'obtenir en termes suffisamment simples. En outre, dans l'état actuel des connaissances sur la propagation des ondes, il ne paraît pas y avoir intérêt à fixer à toute heure du jour le rayonnement maximum à une distance zénithale donnée, et en particulier à une distance de 90°. Il est, au contraire, certainement avantageux de concentrer autant que possible la puissance rayonnée dans le plan vertical du point à atteindre.

Ce problème a été aussi examiné par Wilmotte [60].

22. Réflecteurs. — Dans tous les cas de la pratique, on obtient les rayonnements unidirectionnels au moyen de deux réseaux distants de $\frac{\lambda}{4}$, et l'on n'alimente qu'un seul de ces réseaux; le second est excité par les courants circulant dans le premier et il joue le rôle d'un réflecteur.

Il est naturel d'assimiler tout d'abord l'effet de ce deuxième réseau à celui d'un plan conducteur infini; on sait qu'en plaçant un système rayonnant en présence d'un tel plan, on obtient le même rayonnement que si, en son absence, on ajoutait au système donné un système identique, symétrique du premier par rapport au plan, les courants étant inverses dans les deux systèmes. Un plan conducteur placé à la distance $\frac{\lambda}{4}$ d'un réseau, parallèlement à lui, équivaut donc, pour ce qui se passe du côté où se trouve le réseau, à un deuxième réseau, situé à la distance $\frac{\lambda}{2}$ et parcouru par des courants inverses; on double le champ rayonné perpendiculairement au plan.

Mais si l'on examine en détail l'action d'un réflecteur formé de fils, on voit immédiatement des différences importantes provenant tout d'abord de la limitation de ses dimensions. Les réflecteurs utilisés sont constitués de portions de fils ayant à peu près une demi-longueur d'onde et qui sont séparés les uns des autres par des isolateurs; un phénomène de résonance qui n'existait pas dans le cas du plan infini est alors à considérer et l'on peut douter que les conditions de phase soient remplies par des courants induits.

On peut étudier facilement cette question, au moins d'une façon approximative, à la longueur des calculs près, en remplaçant chaque antenne du réseau par des doublets équidistants et en cherchant le courant que leur ensemble induirait dans un doublet placé sur le réflecteur. Les formules connues du champ d'un doublet à courte distance permettent de déterminer l'amplitude et la phase de la force électromotrice induite dans un élément du réflecteur. En ajoutant géométriquement ces diverses f. é. m., on aura l'influence totale du réseau excité sur un élément du réflecteur; en divisant cette f. é. m. par l'impédance de l'élément, on aura le courant dans le réflecteur. Si les éléments de ce dernier sont accordés, leur impédance se réduit à leur résistance qui peut se déduire de la puissance rayonnée par le rideau quand il est parcouru par un courant donné (§ 26).

Si l'on effectue ces opérations pour un réseau double constitué par deux réseaux écartés de $\frac{\lambda}{4}$ et ne comportant chacun qu'une seule rangée de doublets placés à la distance $\frac{\lambda}{4}$ les uns des autres, on obtient les résultats reportés sur la figure 12; dans cette figure,

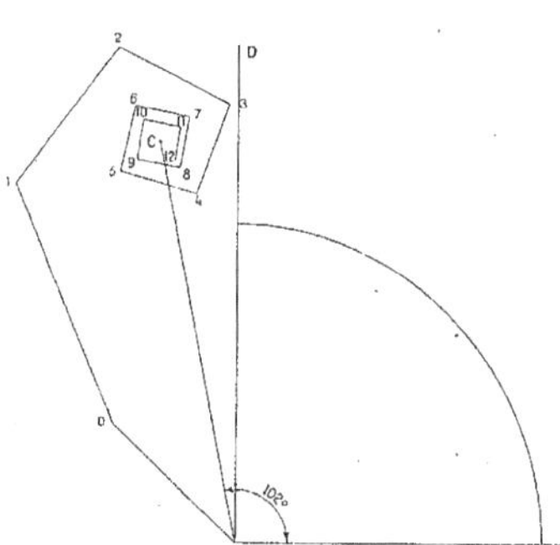

Fig. 12.

AO est le courant induit dans un élément du réflecteur par le doublet le plus voisin du réseau excité, o 1 est celui induit par les deux doublets situés de part et d'autre de celui-ci, 1 2 celui provenant des deux doublets suivants, et ainsi de suite; AB représente le courant dans les doublets du réseau excité. Le courant total dans un élément du réflecteur est la résultante de cette série de vecteurs; ce serait AC pour un réseau de longueur infinie.

On voit que le courant induit dans le réflecteur est plus grand que le courant dans le réseau excité et décalé par rapport à lui d'un angle de $+100$ à $105°$ dès que la longueur du rideau dépasse 4λ.

Ces calculs ont trait à l'élément central du réflecteur; on déduirait facilement du même graphique les courants dans un élément quelconque, mais ceci suffit à montrer l'allure des phénomènes.

Pour que le réflecteur remplisse parfaitement son rôle, il faudrait que le déphasage soit exactement égal à $+90°$ et que les amplitudes dans les deux réseaux soient les mêmes.

On tiendrait compte de la hauteur des rideaux dans les mêmes conditions d'approximation, en ajoutant au-dessus et au-dessous de la ligne de doublets du cas précédent une ou plusieurs autres rangées situées, par exemple, à des distances verticales $\frac{\lambda}{4}$ les unes des autres; on se trouverait donc amené à ajouter à la suite des vecteurs de la figure 12 de nouvelles séries de vecteurs calculés de la même façon. L'opération effectuée pour un total de 3 ou de 5 rangées ramène très sensiblement le point terminal de la construction sur l'axe AD, la phase a donc à peu près la valeur convenable.

On doit, d'ailleurs, remarquer que nous avons supposé les éléments du rideau accordés; en les désaccordant légèrement, on peut à la fois faire varier la phase des courants dans le réflecteur et diminuer leur intensité pour obtenir une réflexion meilleure.

Wilmotte et Mc Petrie ont également abordé ce problème [59, 60]. Ils font remarquer qu'il n'est généralement pas possible d'obtenir à la fois le doublement du champ dans une direction et son annulation dans la direction opposée; mais ils se sont bornés à traiter le cas de deux antennes seulement et l'on voit, par ce qui précède, que celui de deux réseaux est très différent.

23. **Réseaux triples.** — Jusqu'ici, chaque fois que nous avons précisé les éléments dont sont constitués les réseaux, nous leur avons donné comme caractéristique (sauf au paragraphe 5) la fonction $\sin\theta$; nous avons ainsi admis que ces antennes étaient des doublets verticaux. Si on les constituait par de longs fils, on modifierait le rayonnement en hauteur; il faudrait remplacer dans les formules $\sin\theta$ par la nouvelle fonction caractéristique. En opérant ainsi sur un réseau double on obtiendrait un réseau triple dont le champ pourrait être distribué dans l'espace avec une très grande souplesse. Malheureusement de telles réalisations sont pratiquement impossibles dans toute leur généralité en raison surtout de la difficulté d'obtenir les phases voulues, cet élément est particulièrement fugitif et difficile à mesurer.

24. **Acuité des faisceaux.** — Il peut être intéressant de connaître la nature des variations du champ dans le faisceau produit par un réseau, dans le voisinage de la direction où ce champ est maximum. C'est le cas en particulier quand on emploie des réseaux tournants dont le faisceau balaie l'horizon à la manière du faisceau lumineux

d'un phare tournant : pour faciliter l'appréciation de l'instant où l'axe du faisceau passe sur un récepteur donné il y a intérêt à ce que le diagramme du champ soit aussi pointu que possible.

Nous examinerons le cas des réseaux continus. La fonction caractéristique de ces réseaux est de la forme $\frac{\sin u}{u}$ de telle sorte qu'en appelant **E** le champ correspondant à la direction (θ, ζ) et E_0 le champ maximum $(\theta = 90, \zeta = 0)$ on a

$$\frac{E_0 - E}{E_0} = \frac{u^2}{6}. \tag{18}$$

On calcule aisément que ce rapport est proportionnel à $\frac{\alpha^2 l^2}{6}$ pour un rayonnement transversal et à $\frac{\alpha^2 l'^2}{24}$ pour un rayonnement longitudinal.

On peut aussi chercher à faire varier la loi de distribution du courant le long du réseau pour obtenir l'acuité maxima. On trouve facilement, qu'à égalité de longueur, l'acuité est maxima pour un réseau constitué par deux antennes seulement, placées à ses extrémités et en phase. Le champ est alors

$$E \sim \cos(\alpha l \cos\delta).$$

et l'acuité

$$\frac{E_0 - E}{E_0} = \frac{\alpha^2 l^2}{2} \zeta^2.$$

Dans ce cas d'ailleurs le diagramme est très différent de ceux que nous avons étudiés, il comporte plusieurs feuilles d'égale amplitude et d'autant plus nombreuses que $\frac{2l}{\lambda}$ est plus grand.

CHAPITRE III.

ÉNERGIE RAYONNÉE

23. Puissance rayonnée par un réseau. — Nous examinerons seulement le cas le plus utilisé, celui d'un réseau à rayonnement transversal [44]. Ici, encore, pour pouvoir effectuer les intégrations et pour obtenir des formules maniables, nous emploierons momentanément des réseaux continus en nous rappelant que leur champ diffère peu de celui des réseaux réels (§ 4).

Le champ [formule (4), § 4] est proportionnel à

$$A = \frac{\sin(\alpha l \cos\delta)}{\alpha l \cos\delta} \sin\theta.$$

Si K est la densité de puissance rayonnée dans l'axe $\left(\delta = \theta = \frac{\pi}{2}\right)$, la puissance totale dépensée est

$$W_1 = K \int_\Sigma A^2 d\Omega,$$

$d\Omega$ étant la différentielle d'angle solide et l'intégrale étant étendue à un angle solide de 4π. On trouve :

$$(19) \qquad W_1 = \frac{2K\pi}{\alpha l}\left[\frac{1}{2\alpha l}\left(1 - \frac{\sin 2\alpha l}{2\alpha l}\right) + \int_0^{\alpha l} \frac{\sin^2 u}{u^2} du\right].$$

La dernière intégrale prise entre zéro et l'infini est égale à $\frac{\pi}{2}$ et il arrive que pour toutes les valeurs de $2l$ supérieures à $1,3\lambda$ la valeur numérique du crochet reste égale à cette quantité à moins de $\frac{1}{100}$ près; on peut donc écrire :

$$W_1 = \frac{K\pi\lambda}{2l}.$$

Revenons à un réseau discontinu de même longueur et contenant n antennes et calculons la constante K. La densité de puissance rayonnée dans l'axe est (U. E. M.)

$$K = \frac{c}{4\pi} H^2_{\text{eff}},$$

c étant la vitesse de la lumière et A le champ magnétique. En remarquant que dans cette direction les champs des n antennes s'ajoutent arithmétiquement, en appelant I_{eff} l'intensité dans chaque antenne et h leur hauteur [1], on trouve en *unités pratiques*

$$(20) \qquad W_1 = 30\pi^2 \frac{h^2}{2l\lambda} n^2 I^2_{\text{eff}}.$$

En remplaçant le réseau simple précédent par deux réseaux parallèles et de même axe, distants d'un quart d'onde et dans lesquels les courants sont décalés de $\frac{\pi}{2}$, le rayonnement devient unilatéral (§ 20)

[1] On suppose ici que h reste petit par rapport à la longueur d'onde pour que la fonction caractéristique de l'antenne puisse être toujours représentée par $\sin\theta$.

et l'on trouve, en désignant encore par n le nombre des antennes dans un seul rideau :

$$W_2 = 2 W_1.$$

Ces formules permettent de résoudre un problème intéressant. *Quel est le rapport de l'énergie rayonnée dans l'axe d'un réseau à celle que rayonnerait dans son équateur une antenne isolée dépensant la même puissance totale ?*

La puissance rayonnée par une seule antenne de hauteur h' est

$$W' = 80\pi^2 \frac{h'^2}{\lambda^2} I'^2_{\text{eff}};$$

d'autre part, le rapport des densités w d'énergie rayonnées dans l'axe d'un réseau simple ou double et dans le plan équatorial d'une antenne unique est

$$\frac{w_1}{w'} = n^2 \frac{h^2}{h'^2} \frac{I^2_{\text{eff}}}{I'^2_{\text{eff}}}, \quad \text{ou} \quad \frac{w_2}{w'} = 4n^2 \frac{h^2}{h'^2} \frac{I^2_{\text{eff}}}{I'^2_{\text{eff}}}.$$

En égalant W' à W_1 ou W_2, on trouve pour les deux cas :

$$(21) \qquad \frac{w_1}{w'} = 2.67 \frac{2l}{\lambda} \quad \text{et} \quad \frac{w_2}{w'} = 5,33 \frac{2l}{\lambda}.$$

Par exemple, à dépense égale, un rideau double de cinq longueurs d'onde rayonne dans l'axe 27 fois plus d'énergie qu'une antenne unique.

Par des considérations du même genre on trouverait encore qu'à égalité de puissance dépensée, un réseau à rayonnement transversal avec réflecteur, envoie dans la direction privilégiée une densité de puissance deux fois plus forte qu'un réseau à rayonnement longitudinal.

26. Résistance de rayonnement. — On peut encore remarquer que la résistance totale de rayonnement des deux types de réseaux est

$$(22) \qquad R_1 = 30\pi^2 \frac{h^2}{2l\lambda} n^2, \qquad R_2 = 2R_1,$$

d'où l'on déduit que la résistance moyenne d'une seule antenne de ces réseaux est dans les deux cas

$$r = 30\pi^2 \frac{h^2}{2l\lambda} n.$$

Si d est, comme plus haut, la distance entre deux antennes voisines, l'intervalle entre les antennes extrêmes est $(n-1)d$; mais il est plus logique de prendre pour $2l$ la valeur nd, chaque antenne remplaçant en somme une longueur d de la nappe continue.

Il vient alors

$$R_1 = 30\pi^2 \frac{h_2}{\lambda d} n, \qquad r = 30\pi^2 \frac{h^2}{\lambda d}.$$

En comparant cette dernière expression à la résistance $80\pi^2 \frac{h^2}{\lambda^2}$ d'un doublet on voit que le groupement de plusieurs antennes peut augmenter notablement la résistance de rayonnement de chacune d'elles considérée isolément. Si, par exemple, l'intervalle entre deux antennes est égal à un quart d'onde, chaque antenne voit sa résistance multipliée par 1,5 environ. On se rend facilement compte de la cause physique de ce phénomène en remarquant que cet accroissement est produit par la composante du champ des antennes voisines qui, sur une antenne donnée, se trouve en opposition avec le courant dans cette antenne [67].

27. Influence de la hauteur. — On ne peut pas déduire de la formule (20) l'influence de la hauteur du réseau sur la puissance rayonnée, cette hauteur y étant considérée comme petite relativement à la longueur d'onde. D'autre part il ne semble pas possible de reprendre le calcul du paragraphe précédent en supposant la hauteur des antennes quelconque. Pour obtenir cependant des indications sur cette question examinons d'abord le cas d'une seule antenne verticale de hauteur $2h$, en la supposant parcourue par le même courant sur toute sa hauteur; nous avons vu au paragraphe 5 comment on réalisait approximativement cette condition.

Le champ d'une telle antenne se déduit de la formule (6) en y remplaçant δ par θ et l par h. En opérant comme au paragraphe 25 on trouve une puissance

$$W = 240\pi \frac{h}{\lambda} [J - A] I_{eff}^2, \tag{23}$$

où

$$J = \int_0^{\alpha h} \frac{\sin^2 u}{u^2} du \qquad \text{et} \qquad A = \frac{1}{2\alpha h}\left(1 - \frac{\sin 2\alpha h}{2\alpha h}\right).$$

A égalité de puissance dépensée, le rapport de la densité de puissance rayonnée dans l'horizon par une antenne de hauteur $2h$ à celle rayonnée par une antenne de hauteur infiniment petite est

$$(24) \qquad \rho = \frac{5\pi}{5}\frac{h}{\lambda}\frac{1}{1-A}$$

dont voici quelques valeurs :

$2\frac{h}{\lambda} = 0,5$	1	2	3	4	5
$\rho = 1,47$	2,07	3,7	5,3	7	8,7

Ces nombres seraient rigoureusement applicables à un réseau transversal si la directivité d'un tel réseau était la même pour toutes les distances zénithales; nous avons vu au paragraphe 4 qu'elle diminuait avec la distance zénithale, mais cet effet n'est sensible que pour les petites valeurs de ce dernier élément, là où la densité de l'énergie rayonnée devient négligeable. Les résultats précédents sont donc très voisins de la réalité pour un réseau.

Pistolkors, en appliquant le principe que nous avons exposé au paragraphe 9 a calculé des tables permettant de trouver rapidement la résistance d'un réseau à éléments en phase [48], dont la longueur et la hauteur seraient au plus égales à 8,5 et 3λ. Les éléments du réseau sont des fils d'une longueur d'une demi-onde, espacés d'une demi-onde.

En calculant la résistance individuelle de chacune des antennes d'un réseau avec la table de Pistolkors, on trouve des différences importantes, allant jusqu'à 30 pour 100, suivant la place de l'antenne dans l'arrangement.

28. **Influence de la Terre.** — Si la Terre était plane et infiniment conductrice, il serait très facile de tenir compte de son influence; il suffirait d'ajouter au champ du réseau AB celui de son image dans le sol (*fig.* 13). On multiplierait la caractéristique du réseau donné par celle du système constitué par deux émetteurs en phase placés aux points homologues M et M' du réseau et de son image, et dont la distance est $2e$. Cette caractéristique est

$$2\cos(\alpha e \cos\theta).$$

Étant donnée la petite longueur des ondes que l'on peut rayonner par réseaux et la faible valeur relative de e, la courbure de la Terre ne changerait pratiquement rien au raisonnement précédent.

Il n'est pas possible de connaître exactement l'absorption par le sol de l'énergie qui l'atteint; mais il est facile d'apprécier son importance en calculant l'énergie réfléchie dans le cas où l'onde incidente est plane. Les formules de la réflexion d'une onde de fréquence f sur un sol normal de conductivité $\sigma = 10^8$ et de constante diélectrique $\varepsilon = 10$ montrent que l'absorption est très importante. Elle varie avec l'angle i de la direction de la propagation avec le sol. Pour une onde de fré-

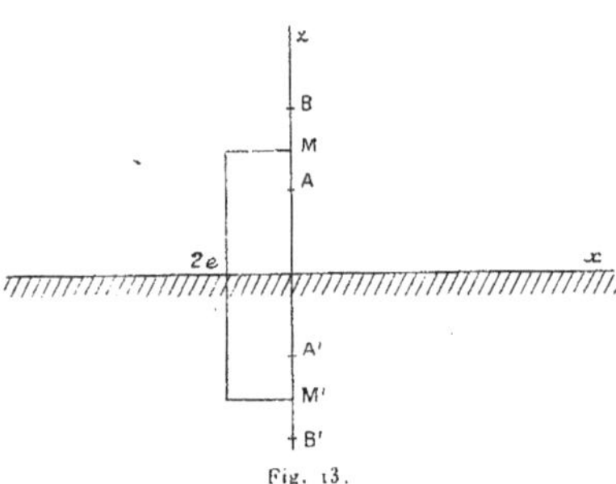

Fig. 13.

quence 10^7 ($\lambda = 30^m$) le rapport de l'énergie absorbée à l'énergie émise est presque égal à 1 pour $i = 10°$, elle vaut 0,89 pour $i = 20°$ et 0,75 pour $i = 30°$.

CHAPITRE IV.

APPLICATIONS DES RÉSEAUX.

29. Emploi des réseaux. — Quand on a commencé à employer les émissions dirigées en radioélectricité on a beaucoup douté de leur efficacité à grande distance. A courte distance les résultats de l'expérience sont assurément très voisins de ceux que fait prévoir le calcul comme on le verra au paragraphe suivant; mais les écoutes faites loin des émetteurs indiquent que l'on peut recevoir dans toutes les directions les signaux émis en faisceaux dirigés.

Depuis qu'avec les ondes courtes, on a mis en service des réseaux de grand développement, l'impression a changé : la réception permanente ou presque permanente pendant toute la journée est devenue si forte dans l'axe du faisceau qu'il est possible d'y faire des réceptions enregistrées de signaux émis à grande vitesse; certes on reçoit encore dans les autres directions mais la réception y est irrégulière et loin de permettre l'inscription.

Jusqu'ici on a fait peu de mesures absolues sur le champ des ondes très courtes et les comparaisons obtenues à l'oreille entre les signaux perçus en divers points éloignés ont peu de valeur. Les récepteurs sont très souvent des systèmes à réaction dont la sensibilité est très grande et qui favorisent beaucoup les réceptions faibles; on sait d'autre part quelles faibles puissances sont suffisantes à l'émission pour permettre la réception des ondes courtes aux très grandes distances. Il n'est donc pas extraordinaire que, tant que les appréciations ont été fondées sur les écoutes d'observateurs différents et très éloignés les uns des autres, il ait été difficile de constater les effets directionnels.

Toutefois il est très probable que le faisceau se disperse à mesure qu'on s'écarte de l'émetteur; si peu connu que soit actuellement le mécanisme réel de la propagation, il est incontestable que les hautes couches de l'atmosphère y jouent un rôle capital; les ondes y subissent des réfractions irrégulières qui dévient les rayons dans tous les sens.

D'autre part nous avons vu que la directivité d'un réseau à antennes verticales diminue avec la distance zénithale des rayons (§ 4, *a*); quoique l'énergie rayonnée aux faibles distances zénithales soit très petite, cet effet s'ajoute au précédent et son importance peut être accrue par le fait, qui paraît ressortir de certaines expériences, que les rayons à faible distance zénithale peuvent avoir, dans certains cas, une influence marquée [41].

Quoi qu'il en soit, l'emploi des réseaux s'étend beaucoup à l'heure actuelle pour les grandes communications radioélectriques et les résultats pratiques obtenus sont de nature à faire prévoir la généralisation de ce mode d'émission. Il faut bien noter cependant que, dans l'état actuel de la technique tout au moins, les faisceaux électromagnétiques ne sont pas entièrement comparables aux faisceaux optiques fournis par les projecteurs : ils permettent d'accroître dans une proportion très importante l'énergie rayonnée dans la direction favorisée, mais ils n'assurent en aucune façon le secret des communications qui peuvent être surprises dans toutes les directions. Cela tient en grande partie à la nécessité d'employer une énergie surabondante pour obtenir des communications de nature commerciale; il faut vaincre en effet des affaiblissements momentanés mais considérables.

Pour des communications à courte distance, où la propagation est régulière, on pourrait doser la puissance de façon à limiter la perception à un secteur étroit. C'est dans ce cas que rentrent les quelques essais de phares hertziens établis avec des réseaux tournants utilisant des ondes de quelques mètres (4 à 6 mètres); ces dispositifs seraient de nature à rendre des services pour la navigation en temps de brume [23, 24, 58, 61] et il est probable qu'ils se généraliseront quand les ondes de l'ordre du décimètre, que l'on sait actuellement produire avec des triodes, seront entrées dans le domaine de la pratique [66].

30. **Diagrammes de l'énergie rayonnée.** — On a fait de nombreuses mesures de la densité d'énergie rayonnée par des systèmes directifs, mais ces mesures ont toujours été faites à courte distance à cause des difficultés que présentent ces opérations à grande distance, tant en ce qui concerne les mesures elles-mêmes qu'en raison des intervalles considérables qu'il faudrait parcourir pour étudier tout le faisceau.

Le dispositif employé comporte généralement une antenne dans laquelle on intercale un thermo-élément connecté à un galvanomètre; les lectures de ce dernier sont proportionnelles à l'énergie reçue.

La figure 14 représente le diagramme polaire d'énergie d'un

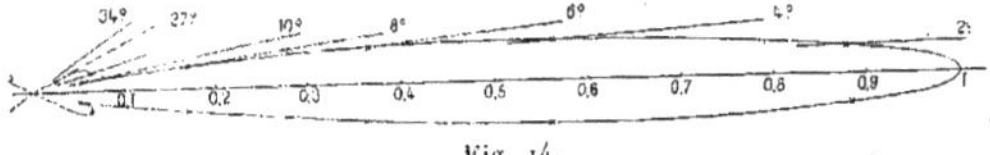

Fig. 14.

réseau simple en grecque émettant une onde de $2^{m},16$ et dont la longueur $2l$ valait $5,58\,\lambda$; la hauteur des 27 brins verticaux était de 59^{cm}, celle des brins horizontaux (intervalle d) de 46^{cm}.

On remarquera que la somme de ces deux dimensions (105^{cm}) est un peu inférieure à la longueur d'une demi-onde : 108^{cm}. C'est là un fait général, la longueur d'une demi-onde sur le fil est inférieure de 3 à 5 pour 100 à celle d'une demi-onde dans l'espace.

Ce diagramme correspond bien à la formule (10) du paragraphe 12, si l'on prend pour τ une valeur égale à 0,031, et si l'on néglige les deux petites feuilles latérales. Mais nous avons obtenu d'autres diagrammes pour lesquels l'accord était moins bon, la directivité indiquée par le diagramme était généralement plus accusée que celle fournie par les formules, même en donnant à τ une valeur nulle ; il est vrai que cette circonstance se produisait pour des réseaux d'une longueur de 2 à 3 λ pour lesquels l'assimilation à des réseaux

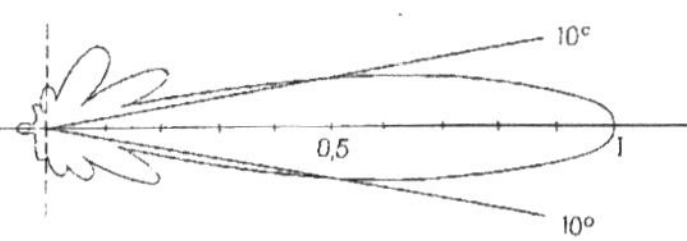

Fig. 15.

continus est moins satisfaisante. Les différences constatées atteignaient 15 à 20 pour 100 dans les directions où la densité d'énergie tombe à la moitié de celle qui correspond à l'axe du réseau.

La figure 15 est le diagramme correspondant à un réseau double établi à Southforeland comme phare hertzien tournant [58]. Ce

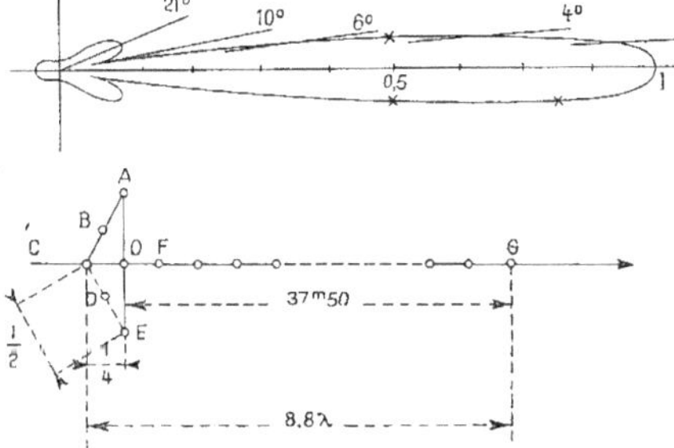

Fig. 16.

réseau est établi suivant les mêmes principes que ceux décrits au paragraphe 34 ; l'onde est de $6^m,09$.

La figure 16 est relative à un réseau très spécial étudié par Yagi et

Uda [53]. Seule l'antenne O est alimentée directement, sa hauteur est d'une demi-longueur d'onde; les antennes ABCDE ont la même hauteur et sont placées, les deux extrêmes A et E à une demi-longueur d'onde, la troisième C à un quart d'onde de O; elles jouent un rôle de réflecteur dans la direction CO. Toutes les antennes alignées entre F et G ont une hauteur un peu inférieure à $\frac{\lambda}{2}$, elles jouent le rôle de réseau directeur étudié au paragraphe 15. L'onde employée est de $4^m,40$.

31. **Alimentation des réseaux.** — Les nécessités de construction des réseaux et des bâtiments abritant le générateur, les précautions à prendre pour assurer au rideau d'antennes un dégagement convenable, conduisent à écarter ces derniers du générateur. On établit alors une ligne d'alimentation allant de l'un à l'autre; elle est constituée par deux conducteurs dont l'un est à la terre et le circuit qu'ils forment est couplé à ses deux extrémités avec le générateur d'une part, le rideau d'autre part.

L'établissement de cette ligne exige des précautions spéciales; on peut y créer intentionnellement des ondes stationnaires ou au contraire utiliser un régime d'ondes progressives. Dans le premier cas on lui donne en général une longueur telle que les régions de couplage avec le générateur et le réseau correspondent toutes deux avec un ventre d'intensité. Le couplage de cette ligne avec le rideau peut d'ailleurs être indirect, un circuit de courte longueur, couplé au rideau, servant d'intermédiaire; ce circuit, qui donne des facilités d'établissement, est alors le siège d'oscillations stationnaires. L'attaque du réseau lui-même peut se faire par couplage magnétique ou par couplage électrique; nous en verrons des exemples plus loin.

L'emploi d'ondes progressives supprime toute obligation relative à la longueur de la ligne, qui convient alors à une longueur d'onde quelconque. On sait que pour éviter les réflexions à l'extrémité d'une ligne de deux conducteurs il suffit de la terminer par une impédance égale à son impédance caractéristique. Celle-ci est très sensiblement en notations imaginaires :

$$Z = \sqrt{\frac{l}{c}}\left(1 - j\frac{r}{2l\omega}\right),$$

r étant la résistance, l la self inductance et c la capacité par unité de longueur. Le terme imaginaire est d'ailleurs négligeable dans le cas actuel (de l'ordre de 10^{-3}) et l'impédance caractéristique se réduit à une résistance pure :

$$\rho = \sqrt{\frac{l}{c}}.$$

Voyons comment on peut la réaliser. Prenons par exemple le cas d'un couplage magnétique direct avec l'antenne représentée schématiquement en A (*fig.* 17). Par construction même les antennes sont

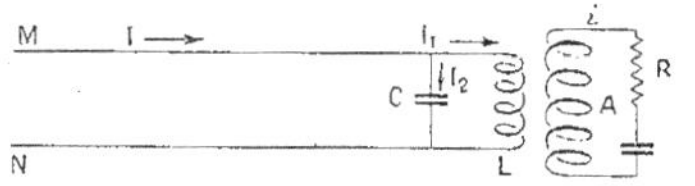

Fig. 17.

accordées sur l'onde à émettre, leur ensemble est donc équivalent à une résistance pure R due au rayonnement.

Terminons la ligne d'alimentation MN par une inductance L et une capacité en parallèle C. Soient I_1 et I_2 les courants dans L et C, I le courant dans la ligne ($I = I_1 + I_2$) et i le courant dans l'antenne A. On a, en employant les notations imaginaires et en désignant par M le couplage et par E la différence de potentiel à l'extrémité de la ligne :

$$jL\omega I_1 - jM\omega i = E,$$
$$jM\omega I_1 + Ri = 0, \qquad I_2 = jC\omega E.$$

D'autre part, il faut réaliser la condition

$$E = \rho I.$$

On déduit facilement de ces équations les relations de condition

$$(25) \qquad \begin{cases} L(1 + C\rho^2\omega^2) = C\rho^2, \\ LR = \rho C M^2 \omega^2, \end{cases}$$

qui permettent de choisir les valeurs de L, C et M d'après les valeurs des données du problème : ρ, R et ω. En prenant pour C une capacité variable, le réglage sur place permettra d'atteindre le résultat désiré.

Si, avec les valeurs satisfaisant aux équations (25), on calcule le courant i dans l'antenne, on trouve :

$$i = \frac{E}{\sqrt{\rho R}}. \qquad (26)$$

Cette relation montre que pour avoir un courant donné dans le réseau on devra utiliser sur la ligne une tension d'autant plus faible que la résistance caractéristique ρ de celle-ci sera plus faible, et il y a évidemment intérêt à diminuer cette tension pour atténuer les pertes en ligne et faciliter l'installation.

On obtient ce résultat en augmentant la capacité de la ligne dont la self-induction se trouve par cela même diminuée dans le même rapport.

Avec une ligne constituée par deux fils distants de 20^{cm}, la résistance caractéristique est de 350 ohms environ; si l'on emploie deux cylindres concentriques de diamètres égaux à 3 et 7^{cm} cette résistance tombe à 51 ohms. Pour obtenir pour L et C des valeurs convenables il y a parfois intérêt à ne pas adopter une valeur trop faible pour cette résistance caractéristique.

Quand les réseaux sont formés d'antennes indépendantes comme ceux décrits au paragraphe 16, la ligne d'alimentation doit se bifurquer plusieurs fois, conformément au schéma de la figure 9. A chaque bifurcation on respecte la condition de constance de la résistance caractéristique. Quand on utilise des réseaux en dents de scie ou en grecque cette distribution fragmentaire de l'énergie n'est plus utile que dans le cas où l'on désire former des réseaux très longs et les alimenter en deux ou trois points pour diminuer l'atténuation des courants dans toute leur étendue; on constitue alors deux ou trois réseaux entièrement indépendants qu'on alimente séparément par deux ou trois bifurcations. Même dans ce cas, le réglage de la ligne est évidemment beaucoup plus simple et les résultats plus sûrs avec le réseau en grecque qu'avec le réseau à antennes séparées.

On traiterait d'une façon analogue le cas de réseaux récepteurs.

32. **Détermination de la résistance R.** — Examinons le cas du couplage correspondant aux dispositions décrites au paragraphe 35 (*fig.* 19). La bobine C sur laquelle agit l'inductance L alimentée par le générateur est connectée à une ligne (A_0A, B_0B) qui aboutit aux milieux de deux rangées de dents de scie et ces rangées

constituent une nouvelle ligne de caractéristiques différentes. Dans ces conditions la résistance R sur laquelle agit la bobine C peut être représentée par le schéma de la figure 18.

Pour connaître la charge en A_0B_0 on doit alors calculer l'impédance Z de la ligne limitée (AE, BF) à son entrée AB, puis celle R à l'entrée de la ligne (A_0A, B_0B) chargée à son extrémité de l'impédance Z. On remarque tout de suite que chaque branche de la

Fig. 18.

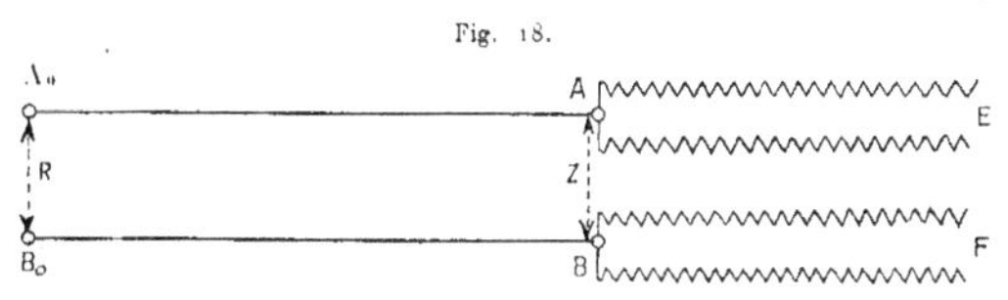

ligne (AE, BF) est constituée par deux fils identiques en parallèle; l'impédance Z sera donc la moitié de celle qui correspondrait à un seul fil.

Pour écrire les expressions de ces impédances, il faut encore noter que la ligne (AE, BF) contient un nombre entier de demi-ondes et la ligne (A_0A, B_0B) un nombre impair de quarts d'onde; les points A et B doivent être en effet des ventres de potentiel et il y a intérêt à ce que A_0 et B_0 soient des ventres de courant pour y transmettre l'énergie sous la moindre tension.

Soient l_0 et g_0 les inductance et capacité par unité de longueur de la ligne (A_0A, B_0B), l, g et ρ les inductance, capacité et résistance d'un fil AE, L sa longueur; les formules générales de propagation sur ligne donnent facilement

$$Z = \frac{1}{2}\sqrt{\frac{l}{g}}\,\operatorname{ctgh}\left(\frac{\rho}{2}\sqrt{\frac{l}{g}}\,L\right).$$

Si n est le nombre de demi-ondes contenues dans L, il vient

$$Z = \frac{1}{2}\sqrt{\frac{l}{g}}\,\operatorname{ctgh}\left(\frac{n\pi\rho}{2l\omega}\right).$$

Quant à R, en tenant compte de ce que A_0A contient un petit nombre impair de quarts d'onde, elle a pour expression

$$R = \frac{l_0}{g_0}\,\frac{1}{Z}.$$

La ligne (A_0A, B_0B) étant constituée par deux fils parallèles, on calculera facilement l_0 et g_0. On pourra aussi calculer une valeur approchée de l, en tenant compte de l'induction mutuelle des fils du réseau; il serait plus difficile de déterminer g, mais on peut remarquer que

$$\sqrt{lg} = \frac{c}{v.3.10^{10}} = \frac{\lambda'}{\lambda}\,\frac{1}{3.10^{10}} \qquad \text{(unités pratiques).}$$

c étant la vitesse de la lumière, v celle de la propagation sur le fil, λ et λ' les longueurs d'onde dans le vide et sur le fil. On obtient alors :

$$\sqrt{\frac{l}{g}} = \frac{l}{\sqrt{lg}} = l\,\frac{\lambda'}{\lambda}\,3.10^{10}.$$

Comme l'expérience montre que $\frac{\lambda'}{\lambda}$ vaut environ 0,95, on n'aura pas à calculer g.

Enfin ρ se déduira de la résistance du réseau.

Il faut remarquer que le circuit AR de la figure 17 est accordé sur la fréquence de l'onde; il y a donc lieu d'interposer entre la bobine C de la figure 19 et l'entrée $A_0\,B_0$ de la ligne, des condensateurs réalisant cet accord.

Les calculs précédents sont donnés à titre d'exemple général d'une alimentation; mais on peut évidemment imaginer divers modes de couplage. La S. F. R. emploie un dispositif en pont fort ingénieux et qui donne une grande latitude pour le choix des éléments de couplage et pour leur réglage [57].

33. **Cas de phases variables.** — Ce qui précède s'applique au cas des réseaux dans lesquels la phase est la même dans toutes les antennes. On a établi très peu de réseaux à antennes déphasées, cependant on a construit, au moins pour des essais des réseaux en arête à rayonnement longitudinal; le réglage de la phase était alors obtenu par une détermination judicieuse des constantes de la ligne connectée aux antennes.

Le procédé est relativement simple et c'est le seul qui, à notre connaissance, ait été employé; mais on peut en imaginer beaucoup d'autres. Une méthode très générale consisterait à produire au moyen de bobines convenablement disposées un champ tournant dans un espace déterminé et à placer dans cet espace autant de bobines qu'il y aurait d'antennes à alimenter; une orientation rationnelle de ces bobines permettrait de réaliser tel résultat fixé à l'avance. Le champ tournant pourrait s'obtenir par les méthodes connues en électrotechnique et dont quelques-unes ont donné lieu à des réalisations en haute fréquence : nous avons construit des générateurs triphasés à triodes [69] et Lange a facilement produit des champs tournants avec deux circuits à angle droit dans lesquels les courants provenant d'un générateur monophasé sont mis en quadrature par une combinaison convenable d'impédances et de triodes [70]. Bouthillon a aussi indiqué une méthode basée sur des combinaisons appropriées de circuits [29].

Quoi qu'il en soit des principes utilisables, l'établissement de semblables systèmes serait hérissé de difficultés.

34. **Réseaux de la Compagnie Marconi.** — La Compagnie Marconi est la première qui ait effectivement employé des réseaux pour le trafic; après avoir fait divers essais avec des réflecteurs paraboliques, elle a adopté résolument, sous le nom de « Beam system », des réseaux plans dont toutes les antennes sont en phase; ces antennes sont constituées par des fils verticaux indépendants [39, 40].

Afin de limiter le plus possible le faisceau en hauteur, on donne aux antennes une grande longueur, généralement voisine de quatre demi-ondes. Pour obtenir un courant de même sens tout le long des antennes, on intercale à des intervalles d'une demi-longueur d'onde des inductances déterminées de telle façon qu'elles résonnent sur une demi-onde. Si ces inductances étaient très courtes, le résultat recherché serait pratiquement atteint; mais l'expérience a montré que quand on leur donnait une forme trop ramassée elles se comportaient comme de véritables bobines de blocage et empêchaient l'alimentation faite à la base des antennes d'atteindre les brins supérieurs. Finalement sur la hauteur de quatre demi-ondes, il y a seulement trois demi-ondes rayonnant dans le bon sens et entre celles-ci deux portions d'une longueur d'un quart d'onde chacune, rayonnant en sens inverse.

L'alimentation de toutes les antennes est faite selon le schéma des figures 9 et 10. Les antennes sont généralement disposées par baies tendues entre deux pylônes distants de 200^{m} et d'une hauteur de 87^{m}.

Derrière le rideau ainsi constitué s'en trouve un second à une distance $\frac{\lambda}{4}$; ce dernier n'est pas alimenté directement et joue le rôle de réflecteur; les antennes y sont constituées par des brins d'une demi-onde environ, isolés les uns des autres, sans inductances intermédiaires.

Pour permettre l'émission de faisceaux dirigés suivant les deux directions perpendiculaires au plan du réseau, il existe en réalité deux rideaux actifs situés chacun à un quart d'onde du réflecteur; on alimente l'un ou l'autre de ces rideaux suivant la direction dans laquelle on désire émettre.

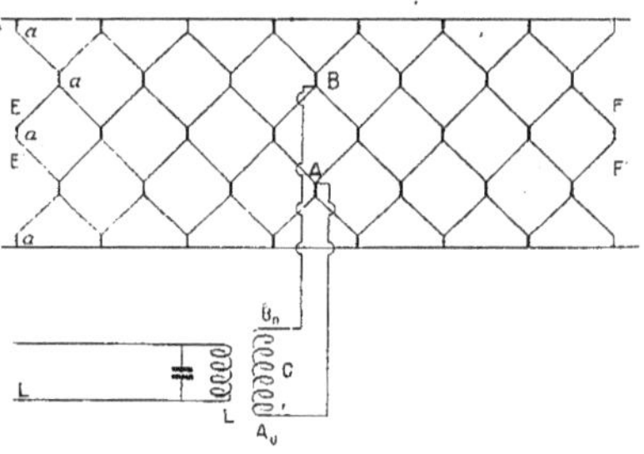

Fig. 19.

Ces ensembles travaillent généralement sur des ondes comprises entre 15 et 30m avec une puissance d'une vingtaine de kilowatts.

35. **Réseaux de la Société française Radioélectrique.** — Ce sont des réseaux en dents de scie du type de ceux étudiés au paragraphe 10. Plusieurs rangées de dents, généralement 6, sont superposées; sur la figure 19, où l'on n'en a représenté que 4, ces différentes rangées sont réunies mécaniquement par des isolateurs. Les rangées extrêmes en haut et en bas ne sont pas alimentées directement car le voisinage des traversiers supportant le rideau y trouble la distribution des courants; elles servent en quelque sorte de protection pour les autres, mais reçoivent néanmoins une certaine excitation de la part des rangées médianes dont tous les sommets sont le siège de ventres de tension [31, 37].

Ces rangées médianes sont alimentées par un dispositif dont le principe est schématisé sur la figure : le circuit ABC est constitué de telle sorte qu'il y existe une onde stationnaire avec ventres de tension en A et B : le réglage se fait au pied du rideau par la manœuvre de condensateurs compris dans l'impédance C, représentée par une simple inductance.

Les rideaux sont disposés par baies comprises entre deux pylônes d'une hauteur de 40^{m} placés à une distance de 75^{m} ; deux baies voisines portées par trois pylônes peuvent être alimentées simultanément pour former un réseau unique.

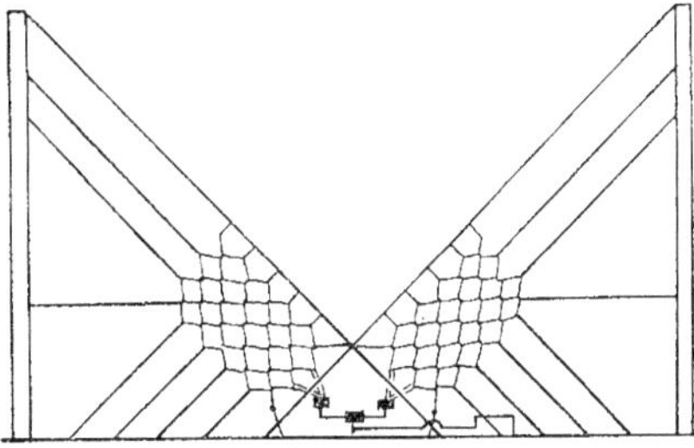

Fig. 20.

Comme dans le cas précédent, on emploie un réflecteur situé à une distance $\frac{\lambda}{4}$ du réseau actif ; mais cette fois le réflecteur est identique au réseau actif, ce qui rend inutile l'installation de trois rideaux. Suivant la direction dans laquelle on désire émettre, les rôles des deux rideaux sont simplement inversés.

Outre les simplifications apportées dans l'alimentation, grâce auxquelles l'égalité de phase dans tous les brins rayonnants (¹) est certaine, on rencontre encore dans ces réseaux l'avantage d'un montage et d'un réglage très facile. C'est ainsi que la S. F. R. a pu utiliser les grands pylônes de la station à ondes longues de Sainte-Assise pour établir les réseaux représentés schématiquement sur la figure 20 [37].

(¹) La remarque de Pistolkors relative à l'inégalité de résistance des différentes antennes d'un réseau (§ 27) fait ressortir une difficulté d'un autre ordre dans l'alimentation en amplitude des réseaux à antennes séparées.

36. Réseaux Telefunken. — La Telefunken utilise des réseaux dont les fils rayonnants sont horizontaux (*fig.* 21). L'alimentation effectuée comme il est indiqué au paragraphe 31 se bifurque deux fois pour arriver aux colonnes montantes AB sur lesquelles sont branchées, aux nœuds de tension successifs, les antennes proprement dites *f*. L'installation comporte un réseau réflecteur comme dans les systèmes précédents.

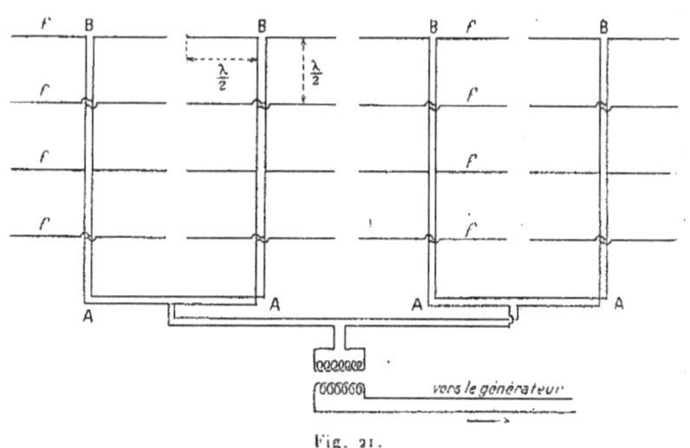

Fig. 21.

Cette disposition donne un champ de nature analogue à celui du réseau linéaire étudié au paragraphe 5; le rayonnement est néanmoins un peu rabattu vers l'horizon par la superposition des antennes horizontales; on obtiendrait aisément la caractéristique de ce groupement par l'application des propositions du paragraphe 19.

37. Réseaux de l'American Telegraph and Telephone C°. — L'A. T. and T. a établi récemment des communications téléphoniques transatlantiques [56] pour lesquelles elle emploie aussi des réseaux. Les éléments de ceux-ci sont verticaux et constitués comme le montre la figure 22; huit groupes de cette espèce sont alignés dans un plan à une distance d'une onde entière d'axe en axe; ils sont alimentés comme les réseaux précédents.

La réception est faite sur des réseaux en grecque.

38. Autres dispositifs. — Les systèmes décrits dans les quatre paragraphes précédents, ou des systèmes analogues, sont les seuls qui soient employés dans la pratique des communications.

Nous avons signalé au paragraphe 14 le réseau « en arête » essayé par la Radio Corporation; indiquons encore le dispositif employé par Meissner [41, 42] pour des expériences entre Berlin et Buenos-Aires. Il est constitué par une antenne horizontale de deux demi-ondes dans laquelle les courants sont partout de même sens grâce à l'adjonction, au milieu, d'une petite inductance sur laquelle se fait l'excitation; cette antenne est placée sur la ligne focale d'un réflecteur parabolique

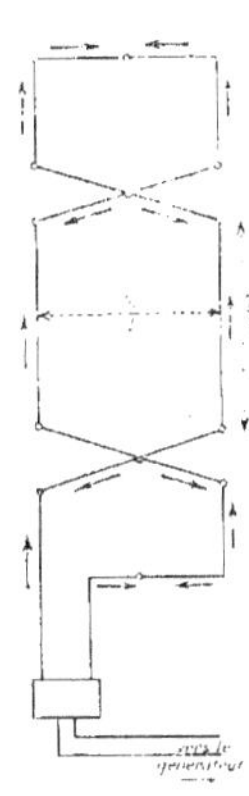

Fig. 22.

dont les génératrices sont par conséquent horizontales; le réflecteur lui-même est fait de fils alignés suivant un certain nombre de génératrices du cylindre. L'ensemble est établi de façon qu'on puisse faire varier l'angle du plan diamétral du réflecteur avec le sol. Dans ces conditions on obtient un faisceau conique resserré en hauteur par l'effet du réflecteur et en largeur par celui du réseau linéaire que constitue l'antenne (§ 5); ce faisceau peut être pointé à toutes les distances zénithales.

Notons enfin les essais faits par Grimsen avec un réseau linéaire alterné horizontal [38]. Ce réseau était constitué par un fil horizontal d'une longueur de neuf demi-ondes excité en son milieu; dans ce dispositif on ne cherchait plus à obtenir un courant de même sens tout le long du fil et le courant changeait de sens toutes les demi-ondes.

INDEX BIBLIOGRAPHIQUE.

Réseaux de diffraction.

1. Arkadiew (W.). — Réflexion des ondes électromagnétiques sur les réseaux de Hertz (*Ann. der Phys.*, **75**, 1924, p. 426-434).
2. Arkadiew (W.). — Réflexion des ondes hertziennes sur des grilles ferromagnétiques (*Ann. der Phys.*, **81**, 1926, p. 649-666).
3. Gans (R.). — Théorie des grilles de Hertz (*Ann. der Phys*, **61**, 1920, p. 447-465; **62**, 1921, p. 427-429).
4. Kapzow (W.). — La diffraction des ondes hertziennes par un réseau d'espace (*Ann. der Phys.*, **69**, 1922, p. 112-124).
5. Lamb. — *Proc. London, Math. Soc.*, 1re série, **29**, 1898, p. 253.
6. Lindman (K.-F.). — Sur la polarisation rotatoire des ondes électromagnétiques avec un réseau d'espace (*Ann. der Phys.*, **69**, 1922, p. 270-284).
7. Lindman (K.-F.). — Sur une rotation du plan de polarisation d'ondes électromagnétiques par un modèle de molécule tétraédrique (*Acta acad. Abo. Math. Phys.*, **3**, 1924, p. 5-68).
8. Lindman (K.-F.). — Quelques expériences sur la polarisation rotatoire provoquée par des modèles de molécules tétraédriques (*Ann. der Phys.*, **77**, 1925, p. 337-350).
9. Pogany (B.). — Expériences sur la polarisation provoquée par des grilles métalliques (*Ann. der Phys.*, **37**, 1912, p. 257-289).
10. Searle (G.-E.C.). — Expériences avec un réseau de diffraction plan (*Proc. Camb. Phil. Soc.*, **20**, 1920, p. 88-108).
11. Rayleigh (Lord). — Théorie dynamique des grilles (*Proc. Roy. Soc. London*, **79 A**, 1907, p. 399-417).
12. Schaefer (C.) et Laugwitz — Réflexion d'ondes électriques sur des grilles de Hertz (*Ann. der Phys.*, **21**, 1906, p. 587-795).
13. Schaefer (C.) et Laugwitz. — Influence de la conductivité sur les grilles de Hertz (*Ann. der Phys.*, **23**, 1907, p. 951-957).
14. Schaefer (C.) et Stalewitz (H.). — Un problème de dispersion à deux dimensions (*Ann. der Phys.*, **50**, 1916, p. 199-222).

15. SCHAEFER (C.). — Les propriétés des grilles de Hertz. Remarques sur un mémoire de Gans (*Ann. der Phys.*, 73, 1924, p. 275-284).
16. SCHAEFER (C.) et REICHE (F.). — Contribution à la théorie d'inversion des grilles (*Ann. der Phys.*, 32, 1910, p. 577-589).
17. SCHAEFER (C.) et REICHE (F.). — Théorie des grilles de diffraction (*Ann. der Phys.*, 35, 1911, p. 817-860).
18. THOMSON (J.-J.). — Réflexion des ondes électromagnétiques sur des fils (*Recent research.*, p. 425).
19. THOMSON (G.-H.). — Sur le passage des ondes hertziennes à travers une grille (*Ann. der Phys.*, 22, 1906, p. 365-391).
20. VOIGT (W.). — Sur la théorie des grilles de Lord Rayleigh (*Gottinger Nachrichten*, 1911).

Réseaux d'émission et de réception.

21. ABRAHAM (M.). — Étude théorique du rayonnement d'un système d'antenne (*Arch. für Electr.*, vol. 8)
22. BELLINI (E.). — La possibilité de la T. S. F. dirigée à grande concentration (*Electrician*, 18 décembre 1914. — *Onde Electr.*, 5, 1926, p. 475-483).
23. BLONDEL (A.). — Congrès de l'Association française pour l'avancement des sciences (32e session, Angers, 1903, p. 374).
24. BLONDEL (A.). — Sur les radiophares tournants (*C. R.*, 184, 1927, p. 721-724). — Sur les procédés de repérage d'alignements par les ondes hertziennes et sur les radiophares d'alignement (*C. R. Acad. Sc.*, 184, 1927, p. 561-565).
25. BÖHM (O.). — Les faisceaux d'énergie en ondes courtes (*Elek. Nachr. Tech.*, 5, nov. 1928, p. 413-422).
26. BOUTHILLON (L.). — Calcul du champ électrique des antennes à rideau (*Lumière électrique*, 24, 13 décembre 1912, p. 333).
27. BOUTHILLON (L.). — Inclinaison des ondes et systèmes dirigés (*C. R. Acad. Sc.*, 184, 1927, p. 190-192).
28. BOUTHILLON (L.). — Optique et radioélectricité (*Onde élec.*, 4, 1925, p. 287-296; 5, 1926, p. 577-592; 6, 1927, p. 97-110).
29. BOUTHILLON (L.). — Radiogoniomètres et radiophares à maximum accentué (*C. R. Acad. Sc.*, 183, 1926, p. 955-958).
30. CHIREIX (H.). — Émissions sur ondes courtes par antennes dirigées [*Radio-électricité* (supp. tech.), 5, 25 juillet 1924, p. 65-73].
31. CHIREIX (H.). — Un système français d'émission à ondes courtes (*Onde élect.*, 7, 1928, p. 168-183).
32. DUNMORE (F.-N.) et ENGEL (E.-H.). — Émission dirigée sur une onde de 10m (*Scient. Pap. Bur. of Standards*, 19, avril 1923, no 469).
33. FOSTER (R. M.). — Diagrammes de directivité d'arrangements d'antenne (*Bell. syst. tech. Journ.*, 5, avril 1926, p. 292-307).
34. FRANKLIN (C.-S.). — Radiotélégraphie dirigée par ondes courtes (*Journ. Inst. El. Eng.*, 60, 1922, p. 930-938).

35. Gothe (A.). — Au sujet des réflecteurs (*Elek. Nachr. Tech.*, 5, nov. 1928, p. 427-431).

36. Green (E.) — Calcul des diagrammes polaires des réseaux (*Experimental Wireless*, 4, octobre 1927, p. 587-595).

37. Green (E.). — Théorie élémentaire de l'alimentation des réseaux (*Experimental Wireless*, 5, juin 1928, p. 304-314).

38. Grimsen (G.). — Rayonnement d'un fil horizontal excité sur un harmonique (*Elek. Nachr. Tech.*, 3, 1926, p. 361-376, et *Jahrb. draht. Tel.*, 29, 1927, p. 25-28).

39. Hemardinquer (P.). — Le « Beam system » Marconi (*La Nature*, 1er août 1927, 111-118).

40. Marconi's Wir. Tel. Co. — Perfectionnement aux antennes, Brevet français n° 587 937, 2 juin 1924; anglais, 21 juin 1923.

41. Meissner (A.). — Rayonnement dirigé avec antenne horizontale (*Jahrb. draht. Tel.*, 30, 1927, p. 77-79).

42. Meissner (A.) et Rothé (E.). — Détermination de l'angle le plus favorable au rayonnement d'une antenne horizontale (*Jahrb. draht. Tel.*, 32, octobre 1928, p. 113-115).

43. Mesny (R.). — Émissions dirigées par rideaux d'antennes en grecques (*Onde élect.*, 6, 1927, p. 181-200).

44. Mesny (R.). — Rayonnement des réseaux (*C. R. Acad. Sc.*, 184, 1927, p. 1047-1049.

45. Mesny (R.). — Note sur les réseaux électromagnétiques en grecque ou en dents de scie (*Recueil des Travaux de l'A. G. de l'Union Radioscient. Internat.*, Bruxelles, 1928).

46. Mesny (R.). — Les ondes dirigées et leurs applications (*Conférences au Conservatoire des Arts et Métiers*, Hermann, Paris).

47. Moser (W.). — L'alimentation des réseaux à ondes courtes (*Elek. Nachr. Tech.*, 5, novembre 1928, p. 422-427).

48. Pistolkors (A.-A.). — Résistance de rayonnement des réseaux (*Proc. Inst. Rad. Eng.*, 17, mars 1929, p. 562-580).

49. Société française radioélectrique. — Perfectionnement aux antennes (*Brevet français* n° 216 757, 10 mars 1926).

50. Société française radioélectrique. — Système d'antennes à directivité indépendante de l'espace occupé (Brevet français n° 580 443, 2 juillet 1923).

51. Tatarinoff (W.-W.). — La construction des réflecteurs (*Jahrb. draht. Tel.*, 28, octobre 1926, p. 117-120).

52. Uda (S.). — Faisceau d'ondes électriques courtes (*Journ. Inst. El. Eng. of Japan*, 452, 1926, p. 273-282; 453, 1926, p. 335-351).

53. Uda (S.). — Un nouveau radio-projecteur pour ondes courtes (*Journ. Ins. El. Eng. of Japan*, 1927, p. 632-634).

54. Uda (S.). — Rayonnement dirigé en hauteur d'ondes électriques courtes (*Proc. Ins. Rad. Eng.*, 15, 1927, p. 377-387).

55. Uda (S.). — Sur les faisceaux d'ondes courtes (*Journ. Inst. El. Eng. of Japan*, 1928, n° 20, 17 pages).

56. Ullrich (E.-H.) et Fairbank (N.-K.). — Antennes directives d'émission et de réception pour ondes courtes (*Electrical Communication*, 8, février 1930, p. 235-242).

57. Willem (R.). — Liaison radiotéléphonique Paris-Buenos-Ayres (*Bull. Soc. Fr. Electriciens*, 9, 1929, p. 1106-1116).

58. Wells (N.). — Beam reflector of Inchkeith (*Engeneering*, 119, 1925, p. 309-311).

59. Wilmotte (R.-M.) et Mc Petrie (J.-S.). — Étude théorique des relations de phase dans les réseaux (*Journ. Ins. El. Eng.*, 66, sept. 1928, p. 949-955.

60. Wilmotte (R.-M.). — Considérations générales sur la directivité des réseaux (*Journ. Ins. El. Eng.*, 66, sept. 1928, p. 955-962).

61. Yagi (H.) et Uda (S.). — Projecteur du faisceau le plus étroit d'ondes électriques (*Proc. Imp. Acad. Japan*, 2, 1926, p. 49-53).

62. Yagi (H.) et Uda (S.). — Phare hertzien « Beam system » (*Electrician*, 95, 1925, p. 296).

63. Yagi (H.) et Uda (S.). — Un nouveau projecteur d'ondes et phare hertzien (*Proceed. Third. Pan Pacific Science Congress Tokio*, 1926, p. 1293-1305).

64. Yagi (H.). — Emission en faisceaux d'ondes très courtes (*Proc. Inst. Rad. Eng.*, 16, juin 1928, p. 715-741).

Divers.

65. Ballantine (S.). — Résistance du rayonnement d'une antenne oscillant sur harmoniques (*Proc. Inst. Rad. Eng.*, 12, 1924, p. 823-839).

66. Beauvais (G. A.). — Sur les ondes de 10 à 20^{cm} (*Bull. Soc. Fr. des Electr.*, 93, 1929, p. 503-511).

67. Brillouin (L.). — Origine de la résistance de rayonnement (*Radioélectricité*, 3, 1922, p. 147-153).

68. Esau (A.). — Caractéristiques de directivité des combinaisons d'antennes (*Jahrb. draht. Tel.*, 27, 1926, p. 142-150; 28, 1926, p. 1-12 et 147-156).

69. Mesny (R.). — Oscillations polyphasées par triodes (*Onde Elect.*, 4, 1925, p. 232-239).

70. Lange (C.). — Oscillations polyphasées par triodes (*Onde élect.*, 4, 1925, p. 397-399).

71. Van der Pol (B.). — Longueur d'onde et rayonnement des antennes (*Proc. Ph. Soc. London*, 29, 1917, p. 269-289).

TABLE DES MATIÈRES.

Chapitre IV. — *Application des réseaux.*

86680. — Paris, Imp. Gauthier-Villars, 55, quai des Grands-Augustins.

CONFÉRENCES-RAPPORTS DE DOCUMENTATION

SUR LA PHYSIQUE

Organisées avec le patronage du *Collège de France, du Muséum d'Histoire naturelle, de la Faculté des Sciences de Paris, de la Direction des recherches et inventions de l'Institut d'Optique, de la Société française de Physique, de la Société de Chimie-Physique, de la Société française des Électriciens, de la Société de Navigation aérienne.*

86680-30 Paris. — Imp. GAUTHIER-VILLARS et Cie, 55, quai des Grands-Augustins.

www.ingramcontent.com/pod-product-compliance
Lightning Source LLC
LaVergne TN
LVHW020049170826
845678LV00001B/496